臨時災害放送局というメディア

Ohuchi Nariyuki
大内斎之

青弓社

臨時災害放送局というメディア／目次

装丁――斉藤よしのぶ

序章　東日本大震災での臨時災害放送局の取り組み

臨時災害放送局（以下、臨災局と略記）というラジオ局をご存じだろうか。洪水や地震などの大きな災害後に、被害を軽減するために自治体が設置できるラジオ局で、制度化されてすでに二十三年が経過している。東日本大震災では各地に三十局も設置された。臨時、ということもあって一時的にしか存在しないラジオ局なのだが、それにもかかわらず、東日本大震災の際は五年以上放送を続け、住民とともに復旧・復興に関わっているラジオ局もあった。こうした取り組みは東日本大震災に限った話ではないのだが、災害復旧・復興とメディアとの関係を考えるうえでの一つの大きな事例がそこに現れているといえる。以下、どのような放送が復旧・復興の一翼を担うことができるのかなど、今後にも役立つ点を明らかにしていきたい。

その日、新潟市内は雪が降っていた。とけ始めたところに新しい雪が降り積もる、そんな日だったことをうっすらと思い出す。もうすぐ春がやってくる。だが、そんな春を待ちわびる気持ちを台無しにしたのが、あの震災だった。都合が悪くて取材に行けない後輩の代わりに、私はその日の午前中、プロサッカーチームの初練習取材に駆り出されていた。雪のためにピッチが使えず、室内の練習に切り替わったが、取材を終えて社に戻ってしばらくのんびりしていると、突然、下から突き上げる揺れに見舞われた。二〇一一年三月十一日のことである。「世の中の政治、経済、文化、すべての価値観を変えてしまう」。この震災を経験したとき、そう思った。二〇〇四年の新潟県中越地震のときは、新潟市の繁華街を歩いていた。アーケードが崩れるほど揺れ、関東地方で大地震が起きたのかと思った。また、〇七年の新潟県中越沖地震のときは高校野球を観戦していた。照明の鉄塔が根元から折れ曲がり、倒壊するのではないかと大きな不安を感じた。このときも、関東地方の大地震ではないかと想像していた。この新潟地方を襲った二つの地震は、どちらも大変な被害をもたらした大地震だったが、当時は世の中すべての価値観が変わるとまでは考えなかった。しかし、この東日本大震災ではなぜか、日本だけでなく、世界中の人々の価値観が変わると直感した。その理由の一つには津波の影響があるのかもしれない。当時私はテレビ局員だったが、激しい揺れに局内は騒然となり、いったんそれが収まると、とたんに中継車で局を飛び出していった。行く先も決めないまま車を走らせ、時々刻々と変わる情勢を車中で見極めながら、とりあえず東北地方へと向かった。取材ヘリも離陸した。ヘリコプターも行き先を決めず、燃料計算もせずに飛び立った。考えている余裕はなかった。走りながら、考えながら、情勢を見極めながら、そして何ができるかもわからないまま、被災地に出発した。テレビに映し出された津波の映像に、私は腰が抜けそうになったことを覚えている。

数日後、社内で有志を集めて、新潟のテレビ局として何ができるのかという議論の場がもたれた。そこで決まったのが、新潟県内で福島県ニュースを放送することだった。原子力発電所の事故などで、当時およそ一万人の福島県民が新潟県内に避難していた。しかし、新潟県内で福島県のニュースを流すというのは前代未聞だった。それを報道するには、これまでにはなかった価値観が必要だった。日を追うごとに詳細がわかってくる被災地の惨状を目の当たりにするたびに、私はテレビ局という枠のなかだけにとどまることに違和感を覚えるようになった。もっと何かやれることはあるはずだ。もっと被災者に近いところで、被災地の状況に即してやるべきものがあるはずだ、という高ぶった気持ちになっていた。

テレビ局を二〇一一年八月三十一日付で退職した私は、これまで自分が歩いてきた足跡を一から振り返るとともに、メディアの存在に正面から向き合うために何かを始めなければいけないという気持ちが膨らんでいった。それから四年半、机上の勉強に加え、メディアが伝えるべき災害、被災地、被災者に関する報道とは何か、私なりに抽象的だが大きな課題を背負って被災地に通い続けた。

振り返ると東日本大震災は、メディアにとって歴史的な転換点として記憶される災害だったと思う。特に、それまで臨災局は、被害の軽減という目的で自治体が設置するものだった。しかし、この東日本大震災ではいくつかの局が、被害の軽減という枠を超えて、被災地の復旧・復興にまで影響を与えるような放送運営をおこなってきたと思われる。臨災局は、一九九五年の阪神・淡路大震災を契機として制度化された。当時、マスメディアが被災者に対し被害情報や生活情報を十分に提供できなかったことから、被災者向けの情報提供のメディアとして、あくまでも臨時に、一時的なラジオ局として整備されるようになる。二〇〇〇年の有珠山噴火、〇四年の新潟県中越地震、〇七年の新潟県中越沖地震、一一年の東日本大震災の際に、臨災局は設置されてきた。東日本大震災では、岩手・宮城・福島・茨城の四県に計三十局が設置された。その後は一一年の新燃岳噴火、一三年の島根・山口両県の豪雨、一四年の広島市の豪雨災害、一五年の関東・東北豪雨、さらに一六年の熊本地震と、毎年のように設置されていく。臨災局とは、災害時に限って開局できる特殊な放送局である。しかし、法律は開局の設置条件は定めているものの、閉局に関しては被災地の意向に沿うという、あいまいな定義をしている。それは、災害とは常にそれぞれ特有の性質をもった出来事であり、被害の軽減の範囲を法的にどう規定するのかは難しい判断が要求されるからである。

二〇一一年三月十一日に発生した東日本大震災は、地震に加え、津波、そして原子力発電所の事故という、複合的で、しかも広範囲な被害が重なり合った、私たちがこれまでに経験したことがない災害である。被災地では、既存のメディアが十分に機能していなかったケースが多く、そうした状況に加えて行政からの重要な情報連絡手段の一つだった防災無線設備が津波で壊滅的打撃を受け、結果として自治体は被災者への情報連絡手段を失ってしまった。そこで、多くの自治体が防災無線に代わる情報提供システムとして設置したのが臨災局だったのである。情報が不足していたため、流言飛語などで混乱していた自治体も、臨災局を設置してからは正確な情報を提供できるようになった。的確な被害情報、生活情報、避難情報などによって混乱に歯止めがかかった。

東日本大震災は、復旧・復興の面でもそれまでの災害とは異なり、かなり長期にわたっている。臨災局もこうした被災地の実情を反映し、当初の目的だった被害情報の提供だけでなく、地域の復興のために何らかの役割を果たすようにもなっていった。そのため、放送局の運営は長期化した。これを受けて、私は、東日本大震災後に設置された臨災局がそれ以前のような被害の軽減だけを目的としたメディアから脱却して、復旧・復興の面での影響を被災地に及ぼしているとみられる実態を明らかにするために、聞き取り調査や参与観察、また、放送内容の分析などの調査をおこなった。三つの臨災局を調査対象として、災害社会学、災害情報論、メディア論、コミュニティ論と関連づけながら、運営が長期化するメカニズムや、その構造を本書では明らかにしたい。そのうえで、臨災局が復旧・復興に関して、被災地や被災者にどのような影響を及ぼしているのかについての考察を試みる。それらを通して、復旧・復興に役立つメディアとして機能するにはどのような点が重要であり、今後発生しうる災害に対してどうすればその役割を果たせるのかを考えてみたい。

本書の構成を手短かに紹介すると次のようになる。

第1章「コミュニティFMと臨災局」では、臨災局と比較するために、阪神・淡路大震災で注目を浴びるようになったコミュニティFMがどのような経緯で制度化されたのかについて述べる。コミュニティFMとの相違点から、臨災局の特徴を明らかにしたい。

第2章から第4章までは事例研究をおこなった。ここでは、東日本大震災の際に設置された三つの臨災局を取り上げる。

まず第2章「やまもとさいがいエフエム「りんごラジオ」」では、宮城県山元町に設置された山元町臨時災害FM（りんごラジオ）について、開局から半年間の放送内容を分析するとともに、従来の臨災局では放送することがなかった町議会の生中継や町長選挙などの特別番組について紹介しながら、復興との関わりについて考察したい。

第3章「みなみそうまさいがいエフエム「南相馬ひばりＦＭ」」では、福島県南相馬市の南相馬災害ＦＭ（ひばりエフエム）を取り上げる。南相馬市は、原発事故の影響で放射線量の高さから居住地域が分断された地域である。そうした状況下、ひばりエフエムはこれまで、放射線に詳しい医師による相談番組や、市内百二十カ所あまりの放射線量の数値だけを毎日読み上げる番組、さらには町作りを話し合う市民によるトーク番組、対談番組など多種多様なプログラムを制作している。こうした番組内容に関する考察を通して、臨災局の役割が従来のあり方から変容していることを論証したい。

第4章「とみおかさいがいエフエム「おだがいさまＦＭ」」では、福島県富岡町に設置された富岡災害ＦＭ（おだがいさまＦＭ）を取り上げる。福島県富岡町もまた、原発事故の影響を受けて町内全域が帰還困難地域に指定された。そのため、おだがいさまＦＭは現地ではなく、避難地域に設置されるという初めてのケースになった臨災局である。そこで、おだがいさまＦＭが全国に避難している町民に対して町の情報を提供するとともに、方言番組、除夜の鐘、小・中学校の運動会の様子を放送することで、町の風景を音声として発信している試みを紹介する。こうした情報を町民に提供していることに、どんな効果があるのかについて分析したい。

第5章「臨災局の長期化の実態」では、これら三局の実態調査をもとに、吉原直樹が福島県双葉郡大熊町で実施したモノグラフ調査[1]を援用しながら、国主導で進められる復旧・復興事業に対して、被災者である地域住民の要望を臨災局がどうすくいあげているのかについて論じる。臨災局が住民と国との対話と対峙の場をどのように提供しているのか、コミュニティとの関係はどういう構造をもっているのか、さらには、そうした構造のなかで、本来一方向性のメディアだった放送局が、どのように双方向になりうる方法を取り込んでいったのかを考察し、臨災局の活動が長期化したメカニズムを明らかにしたい。

なお、「復興」という言葉の意味はあいまいで多義的だが、本書では復興を「災害によって衰えた被災者および被災地が再生すること[2]」とする。

注

（1）吉原直樹『「原発さまの町」からの脱却——大熊町から考えるコミュニティの未来』岩波書店、二〇一三年

（2）宮原浩二郎「「復興」とは何か——再生型災害復興と成熟社会」、先端社会研究編集委員会編「先端社会研究」第五号、関西学院大学出版会、二〇〇六年

第1章　コミュニティFMと臨災局

本章では、臨災局とはどんなラジオ局なのか、どんな特性をもったメディアなのかについて考察する。そこでまず、臨災局の特性をわかりやすく説明するために、可聴区域が同じ市町村単位であり、また災害後即座に災害情報を被災者に提供したという阪神・淡路大震災で注目されたコミュニティＦＭを取り上げ、それぞれの共通点と相違点を探りながら、放送局としての臨災局とはどのようなものなのかをあぶりだしたい。

1　コミュニティFM

コミュニティFM制度化の経緯

コミュニティＦＭは一九九二年に法律で制度化された。この制度化には二つの側面があった。一つは地域間の情報格差是正を図るという国による地域情報化の政策、もう一つは八〇年代に若者の間でブームとなった「ミニＦＭ」の増加が背景にある。

まずは、地域間の情報格差是正という地域情報化政策の側面からみていこう。そのためには戦後すぐに策定された全国総合開発計画を概観する必要がある。政府は太平洋戦争で焦土と化した国を復興させようと、一九五〇年代から国土開発法、全国総合開発計画などさまざまな復興促進策を推進し法整備化した。六二年に池田勇人内閣が策定した「全国総合開発計画」は、高度成長への移行、過大都市問題、所得格差の拡大を背景に、地域間の均衡ある発展を基本目標とした。この当時、情報通信分野はまだあまり重視されておらず、どの政策でも各地域を結ぶ手段としての道路や鉄道といった交通網の整備が優先された。情報ではなく、モノとヒトの移動こそが喫緊の課題とされたのである。[1] その後、六九年に佐藤栄作内閣が策定した「新全国総合開発計画」（新全総）では、高度成長や人口・産業の地方分散の兆しなどを背景に、豊かな国土環境の創造を謳った。この新全総の実施期間中に出版されたのが田中角栄の『日本列島改造論』だった。このなかで田中は、「全国に新幹線と高速自動車道を建設し、情報通信網のネットワーク形成などをテコにして都市と農村、表日本と裏日本の格差を必ずなくすことができる」[2]と持論を述べた。田中の日本列島改造論は、当時は当たり前と思われていた日本の地域格差を解消し、新幹線、高速道路、情報通信網を全国に整備することで、地方の工業化を推し進める国作り政策だった。しかし、開発が進むにつれて、大規模な工業地帯基地建設による環境破壊、新幹線・高速道路の建設に伴う騒音・振動などの問題がもたらす生活破壊が浮き彫りになっていく。結局、新全総は国民からの反発を受けて、中途半端なまま幕を閉じた。

一九七七年には、福田赳夫内閣が策定した第三次全国総合開発計画で住まいの定住構想が掲げられた。その結果、地域の情報通信環境を整備することで活性化を図る地域情報化政策が打ち出され、その一環として生まれたのが八三年に郵政省（現・総務省）が発表したテレトピア構想である。テレトピアとは、電気通信を意味するテレコミュニケーションと、理想郷を意味するユートピアを合わせた造語であり、地域の独自性・主体性を基本にニューメディアの利用を通じて未来型コミュニケーションモデル都市の構築をめざすというものである。そして八五年には、郵政大臣の諮問機関が「市町村単位程度を放送対象とするFMなどの導入を検討する必要がある」と提言した。その後、この提言をもとに「放送の公共性に関する調査研究会」が二年あまり検討を重ね、「地域の多様なニーズにより柔軟に対応できるよう、現在の県域の単位を放送対象地域とする他に、より小地域の単位を放送対象とするコミュニティ放送のようなものの導入を検討する必要がある」[3]と報告している。ここで述べられているのは、つまり市町村単位を対象とする放送局の設置の必要性である。こうした各諮問機関の検討を経て、郵政省は九一年七月、市町村の一部を対象にした「コミュニティ放送」という新しい放送制度の構想を発表し、事実上のコミュニティFMが誕生した。こうした「コミュニティ放送」の制度上の目的は、「市町村内の商業・業務・行政等の機能の集積した区域、スポーツ、レクリエーション・教養文化活動等の活動に資するための施設の整備された区域等において、コミュニティ情報、行政情報、福祉医療情報、地域経済産業情報、観光情報等地域に密着した情報を提供することを通じて、当該地域の振興その他公共の福祉の増進に寄与する」[4]とされ、九二年一月に正式に制度化された。

コミュニティFM誕生のもう一つの背景は、ミニFMのブームである。一九七〇年半ば以降、イタリア、フランス、ドイツなどでは電波の規制緩和の動きと並行して、当時の反戦平和運動や反原発運動の影響を受けて「自由ラジオ」(radio libre) 運動が盛り上がりをみせていた。環境問題・労働問題・女性問題などについて、主流メディアが報じない問題を「自由ラジオ」が取り上げるようになっていったのである。[5]日本での盛り上がりは、八〇年代に入ってからで、「自由ラジオ」という名前ではなく「ミニFM」として台頭する。この「ミニFM」は、電波法が定める微弱電波の範囲内でFM放送の周波数帯を用いて放送をおこなう「微弱無線局」で、免許が不要なため簡単に開設できることがブームにつながった。受信範囲は半径百メートル程度である。イタリア、フランス、ドイツのように反戦平和運動や反原発運動からの流れではなく、既存のラジオ放送に飽きた若者たちが、自分たちの嗜好に合った音楽や情報を流せるということからブームにつながり、全盛時には全国に二千局以上あったといわれている。また、科学技術庁（現・文部科学省）の外郭研究機関である未来工学研究所が八五年にミニFM局二百八十一局を対象に調査したところ、スタッフ数は五人前後、音楽好きな中・高・大学生が中心になって運営していて、放送時間は週末の夜に一回約二時間、また開局した理由については自分の好きな音楽やおしゃべりができるから、と答えている。九一年には、ミニFMを舞台にした映画『波の数だけ抱きしめて』[6]が制作されたことからも、当時ミニFMが全国的に認知されていたことがわかる。免許がいらないために簡単に開設できることがミニFMの魅力だが、それにしても、なぜ若者の間でそれほどまでに流行したのだろうか。それは、八〇年代のメディア環境は、現在のような携帯電話やソーシャルネットワークなど、自由に情報発信ができる環境ではなかったからだ。そうした環境のなかでミニFMは、機材が安価で免許も不要、それでいてラジオ局のように情報を自由に発信できるということから、若者の間で一気に流行したと考えられる。坂田謙司は次のようにいう。

〔ミニFMは：引用者注〕若者を中心としたメディア表現の形や放送との関わり方の新しい可能性を秘めていたことは間違いない。ミニFMは、単なる若者たちの「ラジオごっこ」という側面も確かにあったが、放送と個人、放送と社会を見つめ直すきっかけと、方向性を示しているメディアだったのである。(7)

また坂田は、マスメディアの放送は、送り手と受け手が固定的で、一般市民が送り手になることは難しいが、そうした関係をある意味転換させたのがこのミニFMだったとしている。自分たちの地域の情報を発信する仕組み作りへの関心の高まりが、このミニFMのブームの底流にあったのである。

コミュニティFMの現状

前述したような経緯で誕生したコミュニティFMだったが、制度化された当初はあまり注目されなかった。それは聴取可能範囲の狭さによるところが大きい。コミュニティFMが制度化されたときの最大出力は一ワット以下だった。一ワットの出力で聞こえる範囲はせいぜい半径二、三キロにすぎない。地域住民からは利便性の悪さを指摘する声が上がり、自治体からは全域で聞こえることができないような放送局に地域のラジオ局として出資することは難しいといった批判が寄せられた。その後、一九九四年にコミュニティFMの全国組織が発足したのをきっかけに、郵政省と出力増強について折衝がおこなわれた。これを受けて、郵政省では実験を繰り返した。そして九五年一月に発生した阪神・淡路大震災で地域情報を発信するメディアとしてコミュニティＦＭが注目され、三カ月後の四月に最大出力が十ワット以下まで引き上げられることになった。聞こえる範囲も半径五キロから十キロと広がり、さらに九九年三月には最大二十ワットまで引き上げられ、現在では聴取範囲が十五キロから二十キロにまで広がっている。

コミュニティＦＭの開局数は、制度化初年度の一九九二年度が一局、九三年度が五局、九四年度が九局と一桁台で推移していた。しかし、九五年の阪神・淡路大震災で潮目が変わる。市町村を対象地域とするコミュニティＦＭは地域に密着した情報を住民に提供できるラジオ局として注目が集まり、九五年度は十局、九六年度は一年間で一挙に三十一局が開局した。九七年度は二十四局、九八年度は二十六局と開局ラッシュが続き、九九年度は十一局、二〇〇〇年度は七局、〇一年度は十三局、〇二年度は九局、〇三年度は五局、〇四年度は九局と開局の動きが広がりをみせるようになる。そして〇五年度は、〇四年十月に新潟県で中越地震が発生し、ＦＭながおかが災害放送をおこなったことなどから、地域密着の災害報道をおこなうコミュニティＦＭにますます注目が集まり十三局が開局した。さらに〇六年度は十三局、〇七年度は〇七年七月に新潟県で中越沖地震が発生し、柏崎市のＦＭぴっからが災害放送で注目されたことから十八局が開局している。〇八年度は十二局、〇九年度は十三局、一〇年度は十二局、一一年度は九局、一二年度は東日本大震災の影響で十三局、一三年度は十四局、一四年度は七局、一五年度は十三局、一六年度七局、一七年度（十二月三十一日現在）で十一局となっていて、制度化以降、合わせて三百三十三局が開局している。

2　臨災局

臨災局制度化の経緯

臨災局が制度化されたのは、コミュニティFMが制度化されてから三年後の一九九五年二月である。そのきっかけも阪神・淡路大震災だった。九五年一月十七日午前五時四十六分、明石海峡下を震源とするマグニチュード七・三の地震が起き、神戸市などでは震度六を観測した。この地震による死者は六千四百三十四人、負傷者は四万人以上にのぼった。

マスメディアは、この大災害を発生直後から一斉に全国に向けて報道した。そのため、全国各地から救援物資と救出隊が被災地に集まった。しかしその一方で、マスメディアは被災者に向けた情報提供をほとんどせず、被災者は地震情報、被害状況、避難所情報、給水情報などの緊急支援情報を得ることができなかったのである。「マス・メディアは、被害の甚大さを視覚的に印象づける映像を連日報道し、被災者たちにとっては、こうしたマス・メディアの報道にはほとんど役に立たないものであった[8]」。混乱した住民（被災者）は、被災者を優先しないマスメディアのそうした情報発信のあり方に批判の声をあげた。そこで注目されたのが住民（被災者）に対して的確な行政情報を伝達する、狭域の放送局の必要性だった。この阪神・淡路大震災の直後、郵政省から放送行政局長名で出された各地方電気通信監理局宛の通達「非常時における放送局に関する臨機の措置について」によって、臨災局は制度化されたのである。言い換えれば、臨災局は、マスメディアを反面教師として生み出された放送局なのである。正式には、放送法施行規則第七条第二項で、「暴風、豪雨、洪水、地震、大規模な火事その他による災害が発生した場合に、その被害を軽減するために役立つ」として規定されている。

臨災局の現状

一九九五年二月の制度化直後に阪神・淡路大震災に伴って兵庫県が臨災局の第一号として設置し、その後は二〇〇〇年五月に有珠山噴火に伴い北海道虻田町（現・洞爺湖町）に設置されたのを皮切りに、〇四年十月には新潟県中越地震に伴い長岡市に、また〇七年に新潟県中越沖地震に伴い柏崎市に設置された。さらに一一年には、豪雪災害に対応するために秋田県横手市と新燃岳噴火に伴って、宮崎県高原町に新たに開局された。そして東日本大震災では、岩手・宮城・福島・茨城の四県で三十局が設置された。一三年に島根・山口の豪雨に伴い島根県津和野町に、一四年八月には豪雨被害に伴い兵庫県丹波市に、また一五年に関東・東北豪雨に伴い茨城県常総市と栃木県栃木市に設置された。一六年は熊本地震に伴い熊本市・甲佐町・御船町・益城町に新たに作られ、一七年七月には九州北部豪雨で福岡県朝倉市に設置されている。

3　コミュニティＦＭと臨災局の比較

地域振興をめざすコミュニティＦＭと減災が目的の臨災局

これまでコミュニティＦＭと臨災局が制度化に至った経緯や現状を概観してきたが、その経緯にはそれぞれ異なった背景がある。コミュニティＦＭは、地域情報化という国の政策を背景に制度化されているのに対し、臨災局は、阪神・淡路大震災という実際の災害をきっかけにマスメディアに欠けていた被災者のための情報伝達を担うために制度化された、という点である。

さらにここでは、コミュニティＦＭと臨災局それぞれの出力や周波数、可聴区域、免許主体、免許交付などについて詳しく見ていく。表1は、コミュニティＦＭと臨災局を十五項目で比較したものである。コミュニティＦ

表1　コミュニティＦＭと臨災局の比較一覧

	コミュニティ FM	臨災局
開局時	平常時	災害時
出力	原則20W	原則無制限
周波数の電波	超短波（FM）	超短波（FM）
可聴区域	市町村単位	市町村単位
免許交付	事前の書類提出	臨機の措置
免許主体	民間＆第三セクター	自治体
放送期間	5年間（再免許可能）	必要な期間
開局目的	地域の振興など	被害の軽減
情報提供先	地域住民	被災者
放送マニュアル	準備する	なし
スタッフ	社員とアルバイト	被災者
ラジオ局認知	通常放送で認知されている	設置の PR が必要
機材操作	習熟	未習熟
アナウンス	習熟	未習熟

（出典：紺野望『コミュニティＦＭ進化論――地域活力・地域防災の新たな担い手』〔ショパン、2010年〕を参照して筆者が作成）

Ｍと臨災局の共通点としては、①周波数の電波が超短波であること、②可聴区域が市町村単位であること――この二点があげられる。周波数の電波と可聴区域が共通することや、リスナーに認知されやすいなどの理由から、東日本大震災では、臨災局の閉局とともにコミュニティＦＭに移行する局が多く見られた。一方、異なる点として、コミュニティＦＭは制度化時に出力は一ワットに制限されていたが、阪神・淡路大震災後に十ワットになり、その後増力されて現在は二十ワットになっている。臨災局での出力は原則無制限である。免許交付について、コミュニティＦＭは事前に書類を提出して審査を受けるが、臨災局は臨機の措置が適用される。臨機の措置とは、緊急でやむをえないと認められる場合には、口頭などでの迅速・簡易な方法によって許認可をおこなう特例措置のことである。免許主体は、コミュニティＦＭの場合は民間もしくは第三セクターだが、臨災局は自治体がその主体である。放送期間については、コミュニティＦＭは五年間で再免許が取得できる。一方、臨災局は必要であれば期間の制限はない。開局目的は、コミュニティＦＭは地域への情報提供が中心だが、臨災局は被害の軽減が目的である。そして災害との関連でいえば、コミュニティＦＭは災害が起きる前から開局していることから防災意識を喚起しているのに対し、臨災局の設置は災害発生後になるので、災害との関連では減災、被災者に対しては被害の軽減がその目的となる。放送マニュアル、スタッフ、ラジオ局認知、機材操作、アナウンスについては、コミュニティＦＭは事前に準備して開局する一方、臨災局は事前の準備ができないため、運営者は素人に近い役場職員や被災者自身であることが多い。

このように具体的に比べてみると、コミュニティＦＭと臨災局はそれぞれ異なる特性をもっていることがわかる。

4　臨災局長期化の実情

東日本大震災で設置された三十局のうち、岩手県陸前高田市のりくぜんたかださいがいエフエム、福島県南相馬市のみなみそうまさいがいエフエム「南相馬ひばりＦＭ」、そして同県富岡町のとみおかさいがいエフエム「おだがいさまＦＭ」の三局は、いまも運用を続けている（二〇一七年八月一日現在。その後、「南相馬ひばりＦＭ」と「おだがいさまＦＭ」は一八年三月末に閉局した）。運用日数をみると、東日本大震災以前は、有珠山噴火に伴って開局された虻田町の臨災局の三百二十九日が最長だったが、東日本大震災で設置された臨災局は、二千日を超えた局が七局、千九百九十九日から千五百日が三局、千四百九十九日から千日が五局と、半数の十五局が千日以上の長期にわたって運用している。

しかし、なぜ、臨時あるいは一時的なものであるはずの臨災局が長期化し、一般化しているのだろうか。そのメカニズムは、いったいどのようなものなのか。送り手と聞き手である被災者との間にはどういった問題や関心事が共有され、どんな関係が生じているのか。これらの問いに関する調査と研究はほとんどされてこなかったのが現状である。

運用期間	運用日数	局名
2011年3月16日～3月25日 （放送終了、なお2012年2月29日閉局）	10	ふくしまコミュニティエフエム
2011年3月12日～29日	18	奥州エフエム
2011年3月11日～4月3日	24	エフエムはなまき
2011年3月14日～4月15日	33	つくばコミュニティ放送
2011年3月28日～5月27日	61	いわき市民コミュニティエフエム
2011年3月13日～6月1日	122	エフエムかしま市民放送
2011年3月16日～2013年3月15日	731	登米コミュニティ放送
2011年3月18日～9月26日	924	エフエム　ベイエリア
2011年3月20日～2014年3月31日	1108	エフエムいわぬま
2011年3月16日～2015年3月25日	1471	石巻コミュニティ放送

運用期間	運用日数	東日本大震災後の動向
2011年3月15日～5月14日	61	エフエムおおさき
2011年4月7日～2011年6月6日 （放送終了、なお8月7日閉局）	62	閉局準備中
2012年4月1日～2013年1月31日	184	閉局
2011年6月8日～2013年3月31日	663	たかはぎFM
2011年5月17日～2013年3月31日	685	閉局
2011年3月28日～2013年3月30日	734	おおふなとエフエム
2011年3月19日～2013年8月25日	892	みやこエフエム
2011年5月31日～2014年3月31日	1036	みやこエフエム
2011年3月20日～2014年3月31日	1099	閉局
2011年4月7日～2015年2月28日	1424	エフエムなとり
2011年4月4月21日～2016年3月29日	1805	インターネット及び番組供給
2012年3月28日～2016年3月18日	1818	コミュニティFM化資金難で断念
2012年3月11日～運用中	1970	
2011年12月10日～運用中	2062	
2011年4月7日～2017年3月31日	2035	閉局
2011年4月22～2017年6月26日	2258	コミュニティFM移行へ
2011年4月15日～運用中	2301	
2011年3月22日～2017年6月26日	2289	コミュニティFM移行へ
2011年3月24日～2017年3月24日 （放送終了、なお3月31日失効）	2193	※2017年4月27日インターネットラジオ
2011年3月21日～2017年3月31日	2203	閉局

表2　東日本大震災後に設置された臨災局（2017年8月1日現在）

既存局から臨時災害放送局へ移行した局

臨時災害放送局	自治体名
ふくしまさいがいエフエム	福島・福島市
おうしゅうさいがいエフエム	岩手・奥州市
はなまきさいがいエフエム	岩手・花巻市
つくばさいがいエフエム	茨城・つくば市
いわきさいがいエフエム	福島・いわき市
かしまさいがいエフエム	茨城・鹿島市
とめさいがいエフエム	宮城・登米市
しおがまさいがいエフエム	宮城・塩竈市
いわぬまさいがいエフエム	宮城・岩沼市
いしのまきさいがいエフエム	宮城・石巻市

新設された臨時災害放送局

臨時災害放送局	自治体名
おおさきさいがいエフエム	宮城・大崎市
すかがわさいがいエフエム	福島・須賀川市
とりてさいがいエフエム	茨城・取手市
たかはぎさいがいエフエム	茨城・高萩市
みなみさんりくさいがいエフエム	宮城・南三陸町
おおふなとさいがいエフエム	岩手・大船渡市
みやこさいがいエフエム	岩手・宮古市
みやこたろうさいがいエフエム	岩手・田老地区
そうまさいがいエフエム	福島・相馬市
なとりさいがいエフエム	宮城・名取市
おながわさいがいエフエム	宮城・女川町
おおつちさいがいエフエム	岩手・大槌市
とみおかさいがいエフエム	福島・富岡町
りくぜんたかださいがいエフエム	岩手・陸前高田市
かまいしさいがいエフエム	岩手・釜石市
けせんぬまもとよしさいがいエフエム	宮城・気仙沼市本吉地区
みなみそうまさいがいエフエム	福島・南相馬市
けせんぬまさいがいエフエム	宮城・気仙沼市
わたりさいがいエフエム	宮城・亘理町
やまもとさいがいエフエム	宮城・山元町

（出典：総務省）

5　被災地に存在する創発的コミュニティ

二〇一一年三月十一日に発生した東日本大震災は広範囲に被害をもたらし、地震ばかりではなく、津波、さらには福島第一原子力発電所の事故まで伴う複合災害であり、これまでに経験したことがない大災害だったことは間違いない。そのような災害だからこそ、詳細な調査が必要である。そこで、社会学者・吉原直樹による私の研究に密接に関連する被災地でのモノグラフ調査をもとに議論を整理していく。

吉原は、福島第一原発が立地していた福島県双葉郡大熊町の被災住民についてモノグラフ調査をおこない、その結果を報告している。原発事故によって「住む場所、人間関係等を掠奪された」大熊町の住民を詳細に調べ、国の政策による自治会のコミュニティを「あるけど、ない」コミュニティとして批判的に捉えている。その結果、吉原は住民によって形成された自治会ではない二つの新しいコミュニティに注目した。原発事故で浮かび上がった地域の問題点や、震災によって引き裂かれたコミュニティの再生、また阪神・淡路大震災以降のコミュニティ再生政策などについての問題点を、吉原の調査をもとにここで概説してみたい。まず吉原は、大熊町と町民の現状について次のように報告している。

二〇一一年三月一二日の第一の原発事故の爆発以降今日にいたるまで、この町がたどった足跡は筆舌に尽くしがたいものがある。自治体としての存立基盤は根こそぎにされ、全町民は被曝リスクをかかえながら着の身着のままで町外に避難した。その結果、住み慣れた土地とそこで培われてきた人間関係を奪われ、最低限の生きる権利さえ満足に補償されない避難民が社会に放り出されることになった。かれ／かの女らは最初から掠奪された難民であった。しかもこうした掠奪された人びとは、今日まで掠奪されている。

何よりも、掠奪された人びとの間で亀裂が生じ、分断が進み、対立が深まっている。どうみてもふるさとに帰れそうにない、それでいて行き先も定まらない。ただ漂流するしかないといった状況がこうした事態をいっそう深刻なものにしている。遅々として賠償は進まず、除染をめぐって町民がののしり合い、いがみ合っている。そしてその足元で家族離散が進んでいる。かろうじて職を得た人びととそうでない人びとの間でも距離が広がっている。もはや過去に戻ることはできない、それでいて将来への見通しはまるでたたない、そういった宙吊りの状況に置かれ、もがき苦しんでいる。そういった人びとにたいして、ゼロから出発というのはあまりにもむなしい。ゼロへの復帰もままならないのだから[9]。

吉原は、復興のためにはっきりとした復興シナリオを描くことができない自治体当局の苦悩や、国の政策に翻弄され続ける町民の現状をこのように記している。そうした状況のなか、被災者が暮らす仮設住宅で自治会が発足する。しかしその自治会は、震災前に存在していたものの実際には形骸化したコミュニティをもとにした国からの押し付けのコミュニティであり、吉原はこれを住民不在のコミュニティ、つまり「あるけど、ない」コミュニティと名づけている。この「あるけど、ない」コミュニティが、被災者にとって「遠い存在」であることは、別の調査結果からも確認できる。環境防災総合政策研究機構が東洋大学と共同でおこなった釜石市と名取市の二百十八人の被災者に対する「地震後の避難行動調査」によると、津波や避難に関する情報をどこから得たかという問いに対して、防災無線が四三・九％、ラジオとテレビが合わせて三一・八％、消防と広報車からの呼びかけが一六・八％である一方で、「近所」から情報を得た人は一三・一％だった。つまり、「情報源としてみた場合、「町内」はほとんど機能していなかった（朝日新聞、二〇一一年六月二日付）[10]」と吉原は指摘している。

吉原は、このような「あるけど、ない」コミュニティは、阪神・淡路大震災の教訓から作り出されたものだと指摘する。阪神・淡路大震災では孤独死が問題となったため、震災前のコミュニティを維持することが重要視されたのである。しかしもとからあったコミュニティといえども、農業や原発関連の企業に勤めるなどさまざまな仕事での収入で生計をたてている人がいて、すでに形骸化しているのが現状である。それについて吉原は「原発立地以降進んだ生活の私化の波が大熊町民を多かれ少なかれ呑み込み、コミュニティの基盤を掘り崩したこと、そしてそれが三・一一および三・一二に「あるけど、ない」という形で立ち現れた[11]」と、もとのコミュニティが形骸化されたにもかかわらず理想化され、実態から乖離していることを指摘する。

そうしたなか、新しい動きが形成されつつあることも報告されている。その新たなコミュニティとは、一つは、二〇一一年六月十六日に発足した「女性の会」である。広範囲にわたる避難民の声を集めながら、それぞれが抱える課題やニーズをテーマ化し、国、県、大熊町などに提言として打ち出す、いわゆる提案型のアソシエーションである。「あるけど、ない」コミュニティが、どちらかというと「上からの」指示待ちなのに対して、この「女性の会」はきわめて自主的である。

もう一つが、サロンと呼ばれるコミュニティである。このサロンは、二〇一一年八月中旬ごろに、町地域包括支援センター主催の「いきいき教室」が仮設住宅の集会所で開かれたのをきっかけに立ち上がった。そこに参加した人を中心に、「何かおしゃべりの場がほしい」という声から発足したものである。サロンは、毎週木曜日午前十時から十二時まで、福島・郡山・喜多方・伊達・白河の各市の集会所で開かれている。毎回、仮設住宅の住民十人程度が参加して、気軽なおしゃべりを交わしている。吉原によると、このサロンの主催者は、それぞれが参加することによって単に元気になるだけではなく、自分たちが置かれている状況を確認しようとしているようにみえるという。こうした取り組みは、「気楽なおしゃべりをする」ことから始まり、それだけに終わらないサロンをめざしているといえるだろう。例えば、サロンを通してさまざまな活動をおこなうようになり、そうしたサロン活動を支えるために全国からボランティアが集まってきている。そのボランティアと住民が話し合うことで、交流が始まり、次第に関係が深まり、それによって自分たちの思いを自然に外部の人々に伝えることができる。この点で、サロン活動は非常に重要な意味をもっている。また、サロンが受け皿となって、音楽会、ハーモニカ演奏会、マッサージボランティア活動、高校の弁論部との対話集会などが各集会所で開かれるようになった。さらには、東京電力による補償金請求書の記入相談会、事故収束に向けた工程に関する説明会、原子力損害賠償支援機構による弁護士と行政書士による無料訪問相談会、町社会福祉協議会による仮設住宅巡回法律相談会、議会報告と懇談会も、サロンが主催して開いている。当初はただ週に一度おしゃべりする場がほしいという希望から始まった取り組みが、情報提供と伝達の場に発展していったのである。

サロンの主催者は、「仮設住宅の人びとは地元社会の人びとのやさしいまなざしにいつも勇気づけられている。語り合うことで思いを伝えることができる。同時に先が見えない不安だらけの生活について、地元の人びとに知ってもらうことができる」[12]と考えている。サロン活動を通して、ボランティアとの出会いがあったり、離ればなれに避難している者同士の間にもつながりが生まれ、相互理解が可能になるのではないかと捉えているのである。

このように、サロンの活動では、人との出会い、情報提供などさまざまな取り組みがおこなわれ、「あるけど、ない」コミュニティとは違ったコミュニティが形成されている。サロンの特徴は、誰もが気軽に参加できるという柔軟さだが、そのおかげでコミュニティが広がっていくのである。

東日本大震災で設置された臨災局の放送運営が長期化している背景には、既存のコミュニティではない、こうした市民からの創発的コミュニティの存在があるのではないだろうか。あるいは、それと関係している可能性が高いといっていいだろう。以下では具体的に、こうしたコミュニティと運営が長期化している臨災局の関係はどのようなものかを考えたい。

6　なぜ臨災局の放送は長期化したのか

臨災局が長期化しているのは、復旧・復興のために、それがなんらかの役割を果たしているからだと思われる。復旧・復興のためには、自治体（行政）側から情報を伝達するだけではなく、被災者である住民からの声を自治体に伝達する必要がある。その媒体（メディエーター）として先にあげたようなコミュニティは重要な要素であることは間違いない。一方、臨災局は、放送である以上、基本的には一方向的な情報伝達システムである。では、どのようにして双方向的なやりとりを実現しているのだろうか。

前述したように、吉原は福島県大熊町のモノグラフ調査で、自治会のコミュニティと地元住民による新しいコミュニティ形成について明らかにした。新しいコミュニティは、上からの指示待ちのコミュニティではなく、提言型のコミュニティ（女性の会）、また気軽に参加できる（サロン型）コミュニティがあるとも紹介している。特にサロンは、気楽な話し合いの場というだけではなく、集会所で開かれるさまざまなイベントの受け皿にもなっている。

臨災局の特徴は、送り手と受け手を固定化せずに情報を交換できることであり、これによって住民同士の情報交換が可能になる。その意味では、モノグラフ調査で明らかになったように、地元住民が気軽に参加できるサロンのような役割を、臨災局が果たしている可能性も否定できない。ここまで臨災局が長期化した実情に鑑みると き、詳細な放送内容を考察する必要がある。

そこで本書では、被災地にどのようなことが起き、また臨災局と被災者との間で何が起きたことによって長期化したのかについて、開局からの放送内容、番組制作の企画発想など、詳細なモノグラフ調査をもとに考察する。また復旧・復興という局面で臨災局というメディアがどのような放送運営をおこない、その結果どのような役割を果たしたのか、その実態を明らかにしていく。

7　東日本大震災後の臨災局の調査

本書では、①臨災局とコミュニティはどのような関係なのか、②情報伝達のシステムとして一方向性の性格を有する放送が、双方向的な形態をどう取り込んでいるのか、③臨災局の放送制度上の特徴とは何か、を議論するために、東日本大震災で長期化した臨災局の実態をモノグラフ的な調査で明らかにしたい。

調査の対象にしたのは、基本的には放送運営日数二千日以上の臨災局である。さらに東日本大震災は、地震だけでなく津波に加え原発事故も伴う複合災害であるため、原発事故に関係する臨災局と、それとは関係しない臨災局の二つに分け、それぞれ一つずつ選ぶことにした。

原発事故に関係しない臨災局は四つあるが、ここでは宮城県山元町のやまもとさいがいエフエム「りんごラジオ」を取り上げる。県域でのラジオ放送を経験し、一方向性をもつマスメディアとしての放送局のあり方を熟知し、定年退職して山元町に移り住んで臨災局を立ち上げた男性が運営しているのだが、彼は東北放送の元アナウンサーで、報道局長を歴任した人物でもある。双方向的な形態をどのように取り込んでいるのかを明らかにするために最適と思ったことがここで取り上げる理由である。これに対して、原発事故の影響を受けたのは福島県南相馬市のみなみそうまさいがいエフエム「南相馬ひばりFM」だけなので、これを原発事故関連のケースとして取り上げる。

もう一つ、開局が震災から一年後であるために放送運営日数が二千日を超えてはいないものの、原発事故の影響から全町民が避難せざるをえない状況となり、臨災局が被災地の富岡町ではなく、避難地の郡山市に設置されるという異例の事態になった福島県富岡町のとみおかさいがいエフエム「おだがいさまエフエム」を、きわめて特異な臨災局の事例として扱うことにする。以下の章でそれぞれについて順に論じていく。

注

(1) 大石裕『地域情報化——理論と政策』(Sekaishiso seminar)、世界思想社、一九九二年
(2) 田中角栄『日本列島改造論』日刊工業新聞社、一九七二年
(3)「10年史」「日本コミュニティ放送協会」(https://www.jcba.jp/history/)［二〇一八年九月九日アクセス］
(4) 同ウェブサイト［二〇一八年九月九日アクセス］
(5) 粉川哲夫編『これが「自由ラジオ」だ』(犀の本)、晶文社、一九八三年
(6)『波の数だけ抱きしめて』(監督：馬場康夫、出演：中山美穂／織田裕二ほか、制作：フジテレビジョン、配給：東宝)は、一九九一年に公開された日本映画。一九八二年の神奈川県・湘南にあるミニFMが舞台になっている。
(7) 坂田謙司『「声」の有線メディア史——共同聴取から有線放送電話を巡る〈メディアの生涯〉』世界思想社、二〇〇

五年
（8）北村順生「社会情報学と地域メディア」、社会情報学会学会誌編集委員会編「社会情報学」第一巻第三号、社会情報学会、二〇一三年
（9）前掲『「原発さまの町」からの脱却』三ページ
（10）同書八二ページ
（11）同書一〇〇ページ
（12）同書一三〇ページ

コラム１　認知されていなかった臨災局

　東日本大震災では三十局の臨災局が設置されたが、実は臨災局の存在は震災直後にはほとんどの自治体が知らなかった。総務省東北総合通信局が管内の岩手県七団体、宮城県十一団体、福島県六団体の二十四団体を対象に調べた結果、震災時に臨災局という制度について知っていたのは、たったの五団体にすぎなかった。気仙沼市の『けせんぬまさいがいエフエム』は、震災から十日後の三月二十二日に開局したが、震災直後、臨災局の制度を知っている市職員はいなかった。同じ宮城県内の登米市にあるコミュニティFMから助言されて設置したのである。気仙沼市長は、「震災後二、三日目に開局できていたら、もっと効果的に住民に情報提供ができた」と話している。また福島県相馬市の場合は、テレビのテロップでほかの市町の臨災局の開局を知った。その後、総務省に相談して県内業者に協力を要請して機材を入手し、二十九日に開局した。

　なお、臨災局の開設目的についてアンケートしたところ（複数回答）、①役場からの行政情報をお知らせするため（二十四団体）、②炊き出し、給水、ガソリン、道路交通などの被災地の生活情報を提供するため（二十団体）、③被災者を癒やし、安心を届けるため（十三団体）、④防災無線の代替として（十団体）、となっていて、設置に関する評価は二十四団体すべてが有効だったと回答している。

　このように、二十四団体中五団体しか制度を知らなかったという調査結果だったが、臨災局は阪神・淡路大震災をきっかけにすでに一九九五年二月に制度化されていたのは前述したとおりである。二〇〇四年の中越地震、二〇〇七年の中越沖地震などの大規模災害で設置され、特に中越地震では、FMながおかが初めてコミュニティFMから臨災局に移行し、二十四時間体制で被災者のために被害情報や安否情報、生活情報を伝えたことで注目された。そうしたことを背景に、新潟県内のコミュニティFM十局（協定時は九局、エフエム十日町が開局と同時に協定に加わる）は、中越地震の災害放送を教訓として、災害時に各コミュニティＦＭが人的・技術的に、また機材提供などで協力する災害支援協定を〇五年九月一日に締結した。一つの県で全コミュニティＦＭが災害支援協定で結ばれたのは、全国で初めてのことだった。このときの具体的な協定内容は、①各局で新品と中古のＦＭラジオを災害用に備蓄すること、またリスナーにも備蓄の協力を呼びかけること、②被災地内コミュニティＦＭ局内への人的支援体制をつくること、③放送機材の支援体制を整えること――の三点である。こうして協力体制ができあがっていったなか、〇七年「海の日」、七月十六日の午前十時十三分に中越沖地震が発生した。被災地のコミュニティＦＭは柏崎市のＦＭぴっからだったが、災害支援協定に基づき震災直後から各コミュニティＦＭで備蓄されていたラジオがＦＭぴっからのもとに届けられて被災者に提供されたほか、被災者からの問い合わせ電話の対応のためのスタッフとして、各コミュニティＦＭから人的な支援があった。

第2章　やまもとさいがいエフエム「りんごラジオ」

はじめに

　本章では、調査事例として宮城県山元町に設置されたりんごラジオを取り上げる。この局を対象とした理由は、運用日数が二千八十三日（二〇一六年十二月一日現在）と長期化していることに加えて、もう一つ理由がある。放送運営担当者が東北放送元アナウンサーで、報道局長を歴任したラジオ放送の精通者であり、また一九七八年の宮城沖地震では放送人として災害も経験していることがそれである。災害報道、復旧・復興に関する知識も豊富にもつ人物が、臨災局という新しい制度のもとで、その制度を生かした放送をどのようにおこなっているのか、興味深く思ったこともある。

　りんごラジオの実態調査によって明らかにしたいのは、運営が短期に終わらず長期化しているメカニズムである。そのために、主に放送項目と番組を調査・分析した。ラジオ放送と番組の調査は、あとから聞き直すことができないためきわめて困難だが、りんごラジオは、幸いにも開局から放送タイトルを『放送記録』というノートにすべて手書きで保存しているので、これを使って調査することができた。開局の二〇一一年三月二十一日から百八十五日分を放送運営担当者に許可を得て写真撮影し、パソコンに文字入力したうえで項目を調査・分析した。

対象となったタイトル数は一万四千二百六十一点である。またりんごラジオでは、一一年十二月以降、復旧・復興計画の議論のプロセスを透明化するため、町議会を生中継することに加えて、一四年七月には町長選挙の関連番組を制作している。それらの番組の内容については、資料などをりんごラジオから提供してもらって調査・分析した。

また災害時には、膨大な情報が流れ、なおかつその内容が目まぐるしく変化するという特徴がある。そこで本章では、その変化をわかりやすく整理するために、三つの時期に分けて情報の流れを考察する。そして各期間ごとの放送運営方針の変容について明らかにし、りんごラジオがなぜ長期化するに至ったのかについて結論づける。また、この調査の前提として、山元町がなぜりんごラジオを設置したのか、その設置に至る経緯、さらにはりんごラジオのスタジオ兼事務所の様子などの実態も明らかにし、長期化との関連性を考察する。

調査は、二〇一二年十一月からりんごラジオに十五回以上訪問しておこなった。この間のフィールドワークでは、放送局長の高橋厚のほか、斎藤俊夫町長や平間英博副町長、町議会議員、小学校長、町の関係者に聞き取り調査をおこなった。高橋の許可を得て撮影した記録ノート百八十五日分の写真は七百十五枚にのぼったほか、りんごラジオがウェブサイトで公開している放送プログラムや町内の出来事などのブログ、「Facebook」といったＳＮＳを通じて発信された情報も調査の対象にしている。さらに高橋個人の著作物のほか、講演会やシンポジウム、学会や研究会での発言、さらに筆者がそうした講演会やシンポジウム、学会に同席し、許可を得たうえで録音した内容も調査資料としている。人物名は基本的に敬称を省略して統一する。

1　山元町の概要

東日本大震災以前の山元町

山元町は宮城県の最南端に位置し、東西六・五キロ、南北十二キロのほぼ長方形の町で、南側は福島県と接している。山下と坂元という二つの村が一九五三年に施行した町村合併促進法によって五五年二月一日に合併し、山元町が誕生した。そして七〇年の山元町行政区設置に関する規則によって定められた行政区は、八手庭、横山、大平、小平、鷲足、山寺、山下、浅生原、高瀬、合戦原、真庭、久保間、中山、下郷、町、上平、磯、中浜、新浜、笠野、花釜、牛橋の二十二となっている。この町のほぼ中央には、東京都、千葉県、茨城県、福島県、そして宮城県仙台市とつながる国道六号線が通っている。その国道六号線をはさんで、東側の沿岸を走る県道三十八号線沿いはビニールハウスによるいちご栽培が盛んで、観光農園が点在していたことから「ストロベリーライン」と呼ばれ、反対の西側を走る丘陵地帯にはりんご畑が広がっていることから「アップルライン」と呼ばれている。

二〇一〇年の住民基本台帳によると人口は一万六千八百九十二人で、そのうち六十五歳以上の人口は六千七百四十九人と、総人口に占める割合は四〇%にのぼっている。平均気温は一二・三度で、いちばん寒い一月の平均気温は〇・八度、反対にいちばん暑い八月の平均気温は二四・四度である。(1) こうした山元町を「東北の湘南」と地元の人たちは呼んできた。

東日本大震災以後の山元町

二〇一一年三月十一日午後二時四十六分、東日本大震災が発生し、山元町は震度六強を観測した。この地震で引き起こされた災害によって、山元町では死者が六百三十六人に達し、これは宮城県内で六番目の多さだった。家屋の被害は、全壊二千二百十七棟で、このうち津波による全壊は約半分の千十三棟だった。また津波による浸水面積は、総面積の三七・二%にあたる二十四平方キロメートル、浸水域の人口は八千九百九十人、一一年二月末の町人口の五二・四%を占めた。(2) これらの数字からも津波による被害の大きさがわかる。東日本大震災で山元町の姿は一変した。「ストロベリーライン」は津波で壊滅的な被害を受け、ビニールハウス、観光農園はすべて流され、白茶けた広大な更地となり、常磐線も駅舎・線路ともすべて流された。

筆者は震災から一年八カ月後に初めて山元町を訪れた。東北自動車道の白石インターチェンジを降りてからおよそ四十分、町境の四方山登山口を過ぎると、視界が一気に広がった。視界の先の更地では、ほこりを巻き上げながら大型トラックが行き交っている様子が印象的だった。その向こう側にきらきらと輝く海面と、手前の荒涼とした更地という対照的な風景が、山元町との出会いだった。さらに車を走らせると、更地のなかにわずかに残された建物があった。二階建ての住宅だが、一階部分が津波の通り道にでもなったのだろうか骨組みだけになっていて、残された柱が二階を支えていた。何かとてつもない巨大なエネルギーが通り過ぎたことをその住宅は物語っていた。

震災は、この町のもともと少なかった人々の命を奪った。町の人口は少子高齢化の影響で以前から下降線をたどっていたが、二〇一〇年の人口一万六千八百九十二人は、一一年の震災によって一万三千百八十六人（二〇一四年住民基本台帳）と、一気に数千人単位の大幅な減少になった。

2　りんごラジオ開局までの経緯

津波被害がない町

過去の地震・津波被害はどのようなものだったのかを『山元町誌』で振り返ると、町は「山地は浅く、大河川もなく、太平洋岸には湾口もないので往時から大きな天災地変を被った記録はない(3)」と記している。山元町は「災害無縁(4)」の町だったのである。『山元町誌』によれば、一九六〇年五月二十三日のチリ地震による津波では死傷者はなく、田畑の冠水による農作物の被害だけだった(5)。『町誌』を見るかぎり、東日本大震災のような千棟もの家屋をのみ込むような津波の記録は見当たらない。そのことは、震災直後の体験からもうかがえる。りんごラジオが二〇一三年三月に放送した東日本大震災二周年企画『語り継ぐ！私と東日本大震災』[6]の三月三日の放送に出演した桔梗理恵さんの話は次のようなものである。

高橋厚：津波の情報は得ていたんですか。
桔梗理恵さん（町内在住）：とにかく、揺れが長くてすごかったので、それだけで頭がパニック状態になってしまったので、たぶんすぐにテレビはつけたと思うんです。NHKを見ていて、情報は目で見ていたんです。沿岸部に津波警報だか、大津波警報が出たというのは、見たんです。でもなんか気持ちのなかで津波がくる、逃げなきゃという、そういうのがどういうわけかなくて、いまお聞きになっている方はなんてばかだと思われるかもしれませんけど、結構、その前にも津波警報が出たことがあって、その近辺、地震とか津波が頻発していたときで、そのたびに逃げたらいいじゃないとかいって荷物をまとめて、出ようとすると解除とか、そんなことが繰り返しあったので、なんかきたって大したことないんじゃない、そういうことがどこかにあった。[7]

宮城県の北部や岩手県の沿岸部では津波の脅威についての言い伝えは残されているが、山元町にはそのような伝承はない。『山元町誌』によれば、記録にある地震・津波では慶長十六年（一六一一年）十月二十八日に起こったものが最も古く、津波は岩沼付近まで達し、男女合わせて千七百八十三人が亡くなったとされている。山元町でも死者は相当数出たと推測されるものの、この地域での死者の具体的な人数は記録に残されていないため、実際の被害の大きさは明らかになっていない。一九三三年の昭和三陸地震による津波では町内の磯や中浜地区で重軽傷者十八人が出たという記録があり、磯と中浜の海岸に建設された二基の記念碑には「地震があったら津波に用心」と記してある。この津波では東日本大震災から七十八年も前の津波であり、町民の記憶や町の災害文化には根づかず、今回の津波には残念ながら教訓として生かされることがなかったように思われる。津波の危険が普段から指摘されているような地域であれば、「すぐに避難」ということになるが、山元町はそれまで津波による被害を経験したことがないために、「大したことはない」という楽観的な考え方になったと見られる。社会学者の船津衛は、「そうした解釈装置は、経験した災害の種類、地域の地理的な位置、防潮堤、避難路・避難場所などの防災施設・設備状況、そして、言い伝えなどの災害文化によって大きく左右される」(8)と述べている。桔梗理恵は津波に流されたが、幸い近所の人に助けられた。しかし、津波がくる寸前まで家のなかに一緒にいた夫は、五日後、自宅の敷地内で遺体となって発見された。また、義母も津波で流され、亡くなっていたことが後日確認された。山元町で津波によって亡くなった人が多かった要因の一つには、桔梗のように津波をそれほど現実的な脅威として考えていなかったことがあったのではないかと推測される。津波をどこかひとごとのように捉えていたことは確かだろう。

震災直後の山元町

津波は住民の命綱をも破壊した。震度六強という地震の揺れで、山元町役場屋上に設置されていた防災アンテナが折れ、機能不全に陥った。そしてその五十分後に大津波が沿岸地域を襲い、そこに設置されていた防災無線設備そのものが流された。さらに電気、ガス、水道などのライフラインはすべてストップし、町内外への通信手段は途絶えた。通信手段を失った山元町は、陸の孤島と化した。震災から五日間、内部にも外部にも連絡がとれない状態になった当時の混乱状況を、斎藤町長は次のように話した。

どうしても混乱しているなかにありましては、よく言われる流言飛語の類いですけども、小さな町なんですが、残念ながらあったのも事実でございます。例えば、私は県のほうとスムーズに連絡がとれない状況が三日間ありました。県知事はそのことを捉えて、「山元の町長とコンタクトがとれない」。それが地元に伝わってきて、「町長が行方不明」、あるいは「町長がどこかに逃げてしまったようだ」、そんな話の展開になるわけです。大半の避難者がこの役場前の周辺の公民館なりの避難所にみなさん避難されていて、私を中心として町の災害対策本部がこの敷地内のテント内で活動していて、私の動きがある程度見えているはずなんですけど。(9)

震災直後、山元町役場は倒壊の恐れがあるとして玄関前にテントを張ってそこを災害対策本部にし、町長はテントのなかで陣頭指揮をとっていた。避難所になっていた公民館は役場と目と鼻の先なので、町長の姿は誰の目にも見える状況だった。にもかかわらず、町内で連絡がスムーズにとれないことから、町長が行方不明だとか逃亡したとかの噂が広まったという。また平間副町長は、通信手段が失われて被災状況を国などに連絡できなかったために、救援隊が町に入るのが遅れたと、当時の混乱した状況を次のように話している。

報道がなかったので、救急消防隊、レスキュー隊ですけど、二日間は丸々来ませんでした。愛知県の救急消防隊が八十五人体制で三日目の十三日に入りました。この方々は被害状況を見て人命救助をおこなおうとしたんですが、上からの指示で北へ向かえということで行ってしまいました。次、四日目に来たのが兵庫、奈良の部隊でした。そこも同様に上からの指示で、上がって［北へ行って］しまいました。五日目に来た別の奈良の部隊が救助にあたってくれました。（略）どこからも救援物資が来ないので、私は隣の角田市まで車で行って市長さんに被害状況を伝えました。当時はまだ行方不明者が二千人くらいいた。市長はびっくりしていた。それから内陸の市町村長に直接会って、山元町の被害状況や毛布や食糧などの支援物資を届けてほしいということをお願いしました。そしてようやく近隣の市町村から支援物資が届くようになり、消防団も来るようになった。一方、被災者は情報に飢えていた。何もすることがない。「河北新報」が避難所に届くとむさぼるように読んでいた。いろんな情報を町民たちはほしがっていた。新聞を読んでも山元町のことは一切書いていない。町民は自分たちの身の回りのことは知っているが、山元町全体のことはわかっていない。情報は入ってこないし、新聞にも書いていない。食べ物も来ない。「支援物資が来ないのは町が怠慢だ」。（略）ボランティアも外部から来ない。自分たちで自給自足のようにして過ごしているという部分が、町政の批判みたいに来ましたね。[10]

平間副町長はこのとき、情報を発信できないことの怖さを痛切に感じたという。町から外部に情報を流せない状況に陥ったことで、救援隊の要請もできず、また役場から町民への情報発信もできないために、町民がきわめて大きな不安を抱き、一時は役場に怒鳴り込んでくるほどの不穏な状態になったという。こうした状況を経験することで、平間副町長は「町としては、少なくとも外部への情報発信手段はこれから復興に向けて必要だということ、その一方で町民に対しても最新の情報をどのように伝えるかということが被災者に対して安心してもらったりするうえで重要だなあと感じた」[11]と述べている。

また、このように町から外部に情報が発信できず、マスメディアにも報道されなかったことの影響について、りんごラジオの高橋は次のように述べている。

町内から町外へ情報が伝わったのは、愛知県豊川市から夜を徹して駆けつけた自衛隊第十特科連隊から、衛星電話を町が借り受けて県庁へ連絡したのが最初である。発災四日後の三月十五日だった。

県庁から首相官邸にも山元町情報が伝えられた。それまでは、町長の死亡説すら出ていたと聞く。こうしてマスコミもやっと山元町の情報を伝えるようになっていく。情報の無さや遅れが、町民に与えた精神的影響は大きく、その後の支援物資やボランティアの人数などにも影響した。また、町の幹部によれば、県庁への報告の遅れによって県外からの応援救急消防隊は山元町を「素通り」の状態であったと言う。指令本部へ、山元町の状況が届かず指示に繋がらなかったのが原因であった。こうした震災時の「報道偏重」や通信網の被災は山元町にとって非常に大きかった。[12]

高橋は、このことから情報網の整備が急務と考えた。正しい災害情報が伝達されなければ、流言飛語にまどわされることになる。平間副町長がインタビューで明らかにしたように、情報が入らない、食べ物も来ない、支援物資も来ないという厳しい状況のなかで、いらだちを隠せない町民らは、そのいらだちと怒りを役場に向けてきた。精神的に追い詰められた町民のためにも、適正な災害情報の伝達ができるようなシステムの構築が必要だった。そして高橋は、電話が復旧した十六日に、情報網整備のため、新潟県長岡市にあるFMながおかの脇屋雄介に連絡して臨災局の設置について相談した。

開局

実は東日本大震災の以前にも、山元町には、コミュニティFMを開局しようという動きがあった。阪神・淡路大震災が起きた一九九五年のことである。そのときの経緯について高橋は、こう説明している。「山元町と隣町の亘理町の有志二十人程でコミュニティFMラジオ設立準備会を立ち上げた。そして山元、亘理両町長や商工会など、さまざまな団体などにコミュニティFMの開局を呼び掛けたが、結局このときは開局には至らなかった。理由は約四千万円の資金だった。意義は理解されても資金の話になると腰が引けた」[13]。このとき、コミュニティFM準備会の事務局長だった高橋は、「災害とコミュニティラジオ」というシンポジウムを開催している。そのシンポジウムに、当時JCBA日本コミュニティ放送協会副会長だったFMながおかの脇屋雄介をパネリストとして招いたのだが、その縁で、のちにりんごラジオの設置に関して脇屋の助力が得られたのである。

高橋は、臨災局について先述のシンポジウムのときに脇屋から話を聞いていた。「私はこの話を相次ぐ余震のなかで、思い出していた」[14]と高橋は回想している。実はこのとき、脇屋も高橋に電話をかけていた。互いの気持ちが通じ合っていたために、臨災局設置の話はすぐに決まった。高橋は斎藤町長に臨災局の設置を申し入れ、快諾を得た。こうしてりんごラジオは三月二十一日、震災から十日後に開局した（二〇一七年三月三十一日に閉局）。

写真1　役場1階階段下のロビーに放送席を設けたりんごラジオ（撮影：2011年4月19日）（提供：りんごラジオ・高橋厚）

開局にあたって放送席を設置する場所を検討するとき、町からは二カ所の提案があった。一カ所は、雑音が入らない、周囲を壁で囲まれた役場一階の奥の会議室。もう一カ所は、人の出入りが激しく、音を遮断するものがない、一階ロビーの階段下である。ロビーはオープンスペースで、広さは約六十平方メートルあり、すぐ右側は死亡届の窓口、左側は行方不明者の確認コーナーで、写真からは沈痛な雰囲気が感じられる。高橋は、「何よりも町民の人たちの顔が見えることが大事だと思い、決めた[15]」として、あえてロビーの階段下を選んだ。

　音を遮断することは、町民を遮断することになる、と高橋は考えた。町民がそばにいて、その声が聞こえることは悪いことではない。次にスタッフだが、高橋は話し方教室や町の総合審議会委員も務めていたため、人集めには苦労しなかった。こうしてラジオ局の開局準備は整い、高橋は、徹底的に山元町にこだわって放送すると決め、番組も百パーセント自主制作でやっていくことにした[16]。ラジオ局の正式名は「やまもとまちりんじさいがいエフエム」である。つまり「やまもとまち」に関わること、そして「さいがいラジオ」であること、この二つをこのラジオ局の放送内容の柱とすることを決めたのである。愛称は、山元町の名産の一つである「りんご」と、終戦直後の復興ソングとして日本中で大ヒットした「リンゴの唄」（作詞：サトウ・ハチロー、作曲：万城目正）をかけ、山元町の復興を祈願して「りんごラジオ」と自ら命名した。

こうして二〇一一年三月二十一日午前十一時、りんごラジオは開局した。その開局のときの高橋の第一声が録音で残されていた。

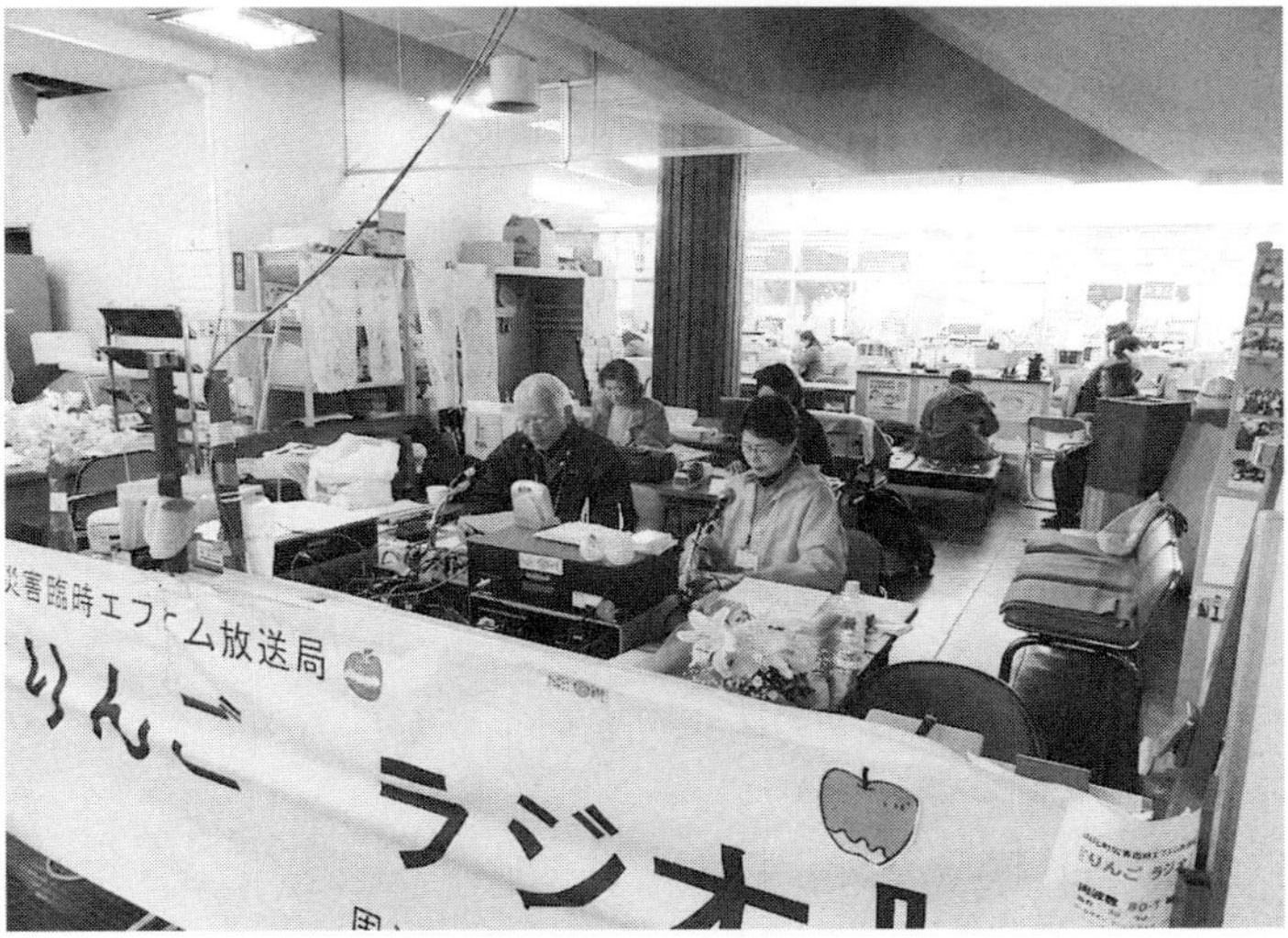

写真2　開局した日のりんごラジオ（撮影：2011年3月21日）（提供：りんごラジオ・高橋厚）

高橋：山元町のみなさん、こんにちは。時刻は午前十一時になりました。こちらは山元町災害臨時ＦＭ放送局りんごラジオです。コールサインやまもとさいがいエフエム、ジェイ・オー・ワイ・ゼット・ツー・ブイ・エフエム（JOYZ2VFM）、周波数八十・七メガヘルツ、出力三十Ｗでお送りします。

本日平成二十三年三月二十一日春分の日、ただいま午前十一時から山元町のみなさんのためのりんごラジオが開局しました。これから山元町のこのたびの大災害に関する情報を毎日ここから生放送でお伝えしていきます。このりんごラジオは山元町のさまざまな情報をお伝えするためのラジオです。どうぞ、お役立ていただきたいと思います。

りんごラジオの放送所は、山元町役場一階にあります。放送所の前は、安否確認などで訪れている町民の方々や自衛隊員、それから角田市などからの応援の方々も含めてあふれております。りんごラジオの放送を聴くためには、ラジオのエフエム周波数を八十・七メガヘルツ、繰り返します、ラジオの周波数を八十・七メガヘルツに合わせれば、出力三十ワットでお送りしておりますので、山元町全域のお宅でも車のなかでもお聞きすることができます。山元町のあらゆる情報は、早く、正しく、わかりやすくお伝えしていきます。取材の協力や情報の提供など、山元町民のみなさま、どうぞよろしくお願いします。

それではりんごラジオ開局にあたりまして、山元町斎藤俊夫町長から山元町のみなさんに、激励のあいさつをお願いいします。斎藤町長、お願いします。

斎藤町長：はい。町民のみなさん、町長の斎藤俊夫でございます。このたびの大惨事で町民のみなさん大変お困りでございますが、この大きな災害を町民が共有しながら力を合わせて恒久対策、そしてまた復興に向けて取り組んでいきたいと思いますので、よろしくお願いします。ともにがんばってまいりましょう。よろしくお願いします。

高橋：震災の発生からだいぶ連日の仕事ということで職員のみなさん疲労がますますたまってまいりましたね。まあしかし、それぞれご家族の安否ですとか、住まいの状況など、職員の方々たちにもさまざまな災害が発生してしまったわけですけど、ひとつ町民のみなさんのためにも斎藤町長を先頭に、これからよろしくがんばっていただきたいと思います。どうぞよろしくお願いします。

斎藤町長：よろしくお願いします。

高橋：斎藤町長は、りんごラジオ放送総局長、それから平間副町長は放送副総局長という役割で、このりんごラジオが開局いたしました。お二人には今後随時出演していただくほか、職員のみなさんにも直接出演していただいて、いち早く情報の提供を町民のみなさんにお届けしていくということで、進めてまいります。きょうから放送を開始いたしました、りんごラジオ、あすからは原則として、朝七時から夜七時まで、午前七時、午後七時まで、さまざまな放送をリアルタイム、生放送でお伝えしていきます。午後七時以降、朝七時までは音楽の放送ということで、音楽を流すことになりますが、なにかあれば随時山元町の情報をお伝えする体制をとっております。ラジオのダイヤルは、エフエムの八十・七メガヘルツ、エフエムの八十・七メガヘルツに合わせておいてください。ラジオは各避難所や主な施設などに届けますので、そこでぜひお聞きいただきたいと思います。

それではまず、山元町の被害状況についてお伝えしてまいりますが、私は高橋厚といいます。元TBC、東北放送でアナウンサーをしておりました。現在、山元町の浅生原というところに住んで八年目になります。私たちの大好きなこの山元町、さあご一緒にりんごラジオで協力し合ってこの大災害被害に立ち向かっていきましょう。

こちらがやまもとちょうりんじさいがいエフエム放送、周波数八十・七メガヘルツのりんごラジオです。本日から山元町専門の放送を開始しております。

ではただいまから、直通携帯電話でみなさんからの情報や問い合わせなどを受け付けます。電話番号をお知らせします。電話は０９０６７８６９５９５、０９０６７８６９５９５。もう一度繰り返します。りんごラジオの直通電話は０９０６７８６９５９５です。なお、役場内の電話は完全復旧には至っておりません。受付電話は、この番号の電話だけになります。したがいまして、通話中のことも多いかと思いますが、どうぞ情報をお寄せください。通話は極力手短にお願いします。それではきょう、これまでに山元町役場三階、災害対策本部がまとめた各種情報をお伝えしてまいります。(17)

以上が開局したときの高橋の第一声である。この語りから、高橋の山元町民に対するさまざまなメッセージが読み取れる。まず、高橋は「山元町のみなさんのためのりんごラジオ」と紹介し、「お役立てください」とあいさつしている。山元町の被災状況はマスメディアで取り上げられることがほとんどなく、町外の情報は入ってくるものの、町内の被害情報についてはほとんど報道がなかった。そんな背景もあり、「山元町民のための」と形容し、山元町のことを専門に放送するラジオ局であることを強調したのである。さらに、「取材の協力、情報の提供などよろしくお願いします」と町民に放送運営の協力を呼びかけている。臨災局は、送り手から受け手に一方的に情報を伝達するのではなく、送り手が受け手になり、また受け手が送り手になるという、それぞれの立場が固定しないのが特性の一つになっている。町民に対して、情報発信の送り手としても参加してほしいという期待を込めた呼びかけだったといえるだろう。

また、斎藤町長自らが町民に呼びかけることで、町長が放送総局長という最高責任者で、副町長が放送副局長だと明確に示し、信頼できるラジオ局であることをアピールした。

そしてさらに高橋は、自己紹介もおこなっている。震災前からも高橋を知らない人はいないほど彼は有名人だったが、山元町に居住して八年という居住経歴まで説明して自己紹介した意味は、自分も町民の一員であることをあらためてアピールし、ラジオ局の運営者であると同時に、自らもリスナーと同じ町民であり、そして町民と同じ視点で放送することを宣言したものと思われる。さらに情報提供先の電話番号を告知したあとで、「私たちの大好きなこの山元町、さあご一緒にりんごラジオで協力しあって、この大災害被害に立ち向かっていきましょう」と町民にメッセージを送っている。ここでも、一方的に情報を押し付けるのではなく、あくまでも町民と同じ視点、被災者の立場から放送をおこなっていく旨をあらためて訴えていることがわかる。

山元町の一般町民には、臨災局がどんなラジオ局であるのかはわからないだろうし、またどんな情報をどのように伝えてくれるのかもわからない。特にりんごラジオは、県域ラジオやコミュニティFMラジオのように、十分に前宣伝の時間をかけてから開局したわけではない。突然開局し、どこにスタジオがあって、どんな情報をどんな人たちが提供するのか、はじめはわからないのである。したがって開局の第一声では、山元町の情報をメインとして放送するものであることを説明する必要があった。そして町長が最高責任者であること、また一方通行の放送をおこなうのではなく、町民にも情報発信者として参加してもらうものだと呼びかけた。アナウンサーが自己紹介したり、リスナーに「みなさん」や「みなさま」と呼びかけて一緒に協力し合ってやっていきましょうと要請したりするのは、災害時に急遽設置される臨災局というメディアの特性を端的に表しているといえるだろう。

開局初日を無事に終えて迎えた二日目の朝の様子と、自身の放送に対する心境を、高橋は二〇一一年三月二十一日から数日後に次のように回想している。

三月二十二日、開局二日目は午前七時放送開始。午前四時起床、五時にりんごラジオ（放送席）へ到着。誰もいない。暗く寒い。天井の蛍光灯を一つ点けて準備開始。災害対策本部などからの情報の他、山元町情報を新聞やパソコンでもチェック。かける音楽の確認などで、あっという間に放送開始時間が近づく。スタッフが一人、二人と到着。放送開始時は大体男性三人であった。ミキサー役も全員未経験で、当初は結構、声が放送されなかったり、音楽がでなかったりして慌てた。開局当日から町長、副町長、教育長の順に出演してもらった。速報性、機動性、そして声で伝えるラジオの特性を活かしながらの放送を意識した。日を追って情報の内容も広がっていった。支援物資の配布情報、放射線情報、尋ね人、そして迷い犬や猫などのペット情報も悲痛だった。取材範囲も広がっていった。「今日取材した人の体験談には泣けた」と、目を赤くしながら戻ってくるスタッフも増えた。少しずつ被災町民が重い口を開き始めた。[18]

「重い口を開き始めた」というのは、被災者である町民が、自分のなかにしまいこんでいた思いをようやく口に出して話してくれるようになったということだろう。町民一人ひとりが情報発信者になってほしいという高橋の思いが、徐々に通じるようになってきた様子がうかがえる。

高橋は、毎日十四、五時間、休むことなく、四カ月間放送を続けた。「寝ながら原稿を読むという特技も覚えました」と冗談交じりに当時を振り返ったりもしている。「本当にひどいときは、一日二人でやっていたんですね。朝七時から夜七時まで。毎時間毎時間ですよ。本当にそれは大変な時期がいっぱいありましたね[19]」。開局したところは、多くのボランティアがスタッフとして放送の運営に加わっていたが、ゴールデンウイークを境に学校や会社が始まると、一人抜け、二人抜けの状態になり、ついには二人になったという。このもう一人というのが高橋厚の妻・真理子だ。プライベートということもあり当時については多くを語らないが、おかげで夫婦仲が危うくなったと、真理子は冗談交じりに当時のことを振り返っている。仕事が終わって家に帰っても、何も食べずに二時間ほど寝て、それから起きて食事の支度をし、食事を終えてからは放送のための取材インタビューの編集をする。そんな生活だったという。

3　りんごラジオの日常

朝九時から生放送

りんごラジオの放送局長、高橋厚の経歴をここで詳しく述べておきたい。高橋は一九四二年、東京都生まれ。東京農業大学卒業時は、オイルショックの影響から就職難の時代だった。伊勢丹でアルバイトをしながらアナウンサーをめざし、一年間の就職浪人の後に東北放送と四国のテレビ局に合格し、出身地の東京から近い東北放送を選んだ。そしてその後は、ニュースキャスター、バラエティー番組の司会などをこなし、九七年当時は、「アッチャヤマン」という愛称でラジオＤＪとして人気を集めた。しかし高橋は、初めからアナウンサーをめざしていたわけではない。もともとは人とうまく話すことができず、これでは就職はままならないと、大学三年のときに知人の勧めで話し方を学ぶためにアナウンス学校に通い始めた。それが意外にも生涯の仕事になったという。[20]東北放送でアナウンス部長、取締役報道局長を歴任した後、定年を機に仙台を離れ、釣りも山歩きもできるということで、二〇〇三年に終の住み家として山元町に移住した。高橋が移住したという話はあっという間に町内に広まった。東北放送のアナウンサーだった高橋の顔や声を知らない人はほとんどいなかったからだ。[21]やがて高橋は、経歴を生かして町内で話し方教室を開き、有識者として町の総合計画審議会の委員を任されるようになる。震災後慰問のために山元町を訪れた直木賞作家の重松清は、高橋の印象を『希望の地図』のなかで「高橋さんは穏やかな口調で話す。発音の一つひとつはくっきりとしているのだが、たっぷりとった間合いの「間」が声ぜんたいに溶け込んで、なんともまろやかな響きになっている[22]」と書いている。

ここで、二〇一六年一月二十六日のりんごラジオの一場面を紹介しよう。この日、筆者は終日現場にいて活動の様子を記録した。

朝八時四十分。筆者がりんごラジオに到着すると、すでにその日の朝番アナウンサーの高橋真理子と夫の高橋厚が準備を始めていた。真理子は、二〇一四年の十二月十七日に厚が脳梗塞で倒れてから放送局長の代役[23]を務めている。りんごラジオでは、情報番組はアナウンサー一人でおこなうのが基本スタイルである。この日もあわただしく放送の準備を進めていた。ほかのスタッフたちは、八時五十分、五十八分と相次いで出勤してきた。

放送は九時ちょっと過ぎに始まった。こうした時間のゆるさもりんごラジオの特徴だ。まずコーラスによる町民歌が流れる。

1　太平洋の朝明けに
いま湧き挙る希望あり
愛と誠の願いこめて
われらは開く　ひらく
しあわせの町を

2　阿武隈山の夕映えに
いま野にえがく未来あり
汗と力の実りを求め

われらはひらく　拓く
しあわせの町を
おゝ山元　やまもと
幸せの町よ

二番までが終わったところで、「ジェイ・オー・ワイ・ゼット・ツー・ダブリュー・エフエム（JOYZ2WFM）、ジェイ・オー・ワイ・ゼット・ツー・ダブリュー・エフエム（JOYZ2WFM）、こちらは、やまもとさいがいエフエム、りんごラジオです。送信出力三十ワット、周波数八十・七メガヘルツ（MHz）でお伝えしています」とあらかじめ録音している声が流れる。ここで真理子は「マイク入りま〜す」とほかのスタッフに声をかけ、マイクのスイッチをオンにする。「りんごラジオ、この時間から生放送スタートです」と番組『おはよう！　りんごラジオです』が始まる。「きょうは、震災から千七百八十三日目です。きょうもりんごラジオをよろしくお願いします」。こうしてりんごラジオの一日が始まる。番組では、冒頭で必ず三つのことをアナウンスすることになっている。

一つは「きょうは震災から何日目なのか」。これは震災を風化させないためのメッセージである。二つ目は「町の人口と地区別の人口の増減と世帯数の増減」。山元町では、震災後に人口が減少傾向にある。そして三つ目が「放射線量の測定結果」である。

次に、その日までに入ってきた新しい情報や、イベントに関する情報を次々と読み上げていく。情報源は、町役場から隔週で配布されるプレスリリースがほとんどである。このプレスリリースには、町長の日程や町の幹部が出席する会議、町主催のイベントなどが掲載されている。それ以外では、商工会からのスケジュール情報、また一般町民からのイベント案内などが、直接りんごラジオに届けられる。このとき真理子が読んでいたのは、原稿用紙に書かれたアナウンス原稿ではなく、自分で書いたメモであり、ものによってはチラシをそのまま読んでいた。テレビ局などの原稿は縦書きが多いが、真理子は横書きも縦書きも、両方とも読みこなす。新しい情報がなければ、同じ内容を繰り返し読み、新しいものが入ってくれば、古い情報から順次差し替えて読んでいくのである。なかには一週間読み続ける情報もある。『おはよう！　りんごラジオです』は一時間の番組だが、この日は四十八分ほどで終わった。そのため「次の放送までは、音楽をおかけします」と話してマイクのスイッチを切り、「マイク切りました」と近くで打ち合わせをしているスタッフに声をかけて番組を終えていた。

音に無防備なスタジオ

りんごラジオは、開局した直後は町役場ロビーにあったが、二〇一一年七月二十三日に役場の建て直しが始まったことから一足早く別の場所へ引っ越した。グレーのプレハブ小屋が、現在のりんごラジオの局舎だ。一見すると、建設現場事務所のようでもあるが、プレハブの前には、ひときわ目を引く大きな看板がある。近くに住む人から二〇一一年八月にプレゼントされたそうだ。看板は、幅百二十七センチ、高さ五十センチ、厚さ七センチの木製で、樹齢六、七十年の栗の木から取ったものだという。「りんごラジオ　80.7MHz」と白いレリーフ文字を刻み、文字の頭には赤いレリーフのリンゴ、そして文字の両側には木彫りのリンゴをあしらっている。

このりんごラジオの事務所はスタジオも兼ねていて、広さはおよそ約八十平方メートルある。入り口はサッシの引き戸で上半分がガラス張りなので、なかを見通すことができる。無人になることはないが、カギは日中はかかっていない。このなかで放送しているとは思えないほど、誰でも入れるうえに、雑音に対して無防備である。さらに壁面には大きな窓がある。見方によってはサテライトスタジオのようでもあり、とても開放的な空間を作り上げている。

雑音に無防備な事務所に入るときは、戸をそっと開けるように気をつける。引き戸を開ける音をマイクが拾ってしまうかもしれないからだ。入り口のすぐそばでアナウンサーがしゃべっているので、放送途中に引き戸を開けて入ってくる郵便局員、宅配業者、役場職員たちもちゃんとそれを心得ている。

写真3　りんごラジオのスタジオ兼事務所外観

写真4　りんごラジオの正面入り口

中に入ってまず目に入るのは、壁一面に貼ってある写真と色紙である。空いているのは天井だけだ。写真や色紙は芸能人や著名人のもので、都はるみ、五木ひろし、竹下景子、糸井重里、星野仙一、白鵬、サンドウィッチマンらである。町に慰問で訪れた際にりんごラジオに出演した人たちである。写真は二百枚あまりあり、すでに黄ばんだり黒ずんだり赤みがかかったりと変色し、劣化している。誰が写っているか判別しにくいようなものもある。色紙は四十枚あまりあり、「共に生きて、行きましょう」「全国が応援してます」など励ましの言葉をサイ

写真5　りんごラジオのスタジオ兼事務所内部

ンとともに綴っている。その写真と色紙に囲まれているのがアナウンサー席である。しかし、音を遮断するような囲いなどはない。

もう一つ、騒音のもとになりやすいのは、床の作りである。床には薄いフェルトのようなものが敷いてあるが、普通に歩くとドタドタと音が響く。机の上に設置されているマイクにその振動が伝われば、雑音が放送されてしまう。しかしスタッフは、ほとんど意識せずに音が出ないような歩き方ができていて、不自由なく本番中も歩き回る。ラジオをよく聞いていると、ときどき引き戸を開閉する音、電話が鳴る音、ファクスの受信音、人の声、何かを落とした音など、さまざまな音が聞こえてくるときがある。

この急ごしらえのスタジオの様子に、臨災局とは臨時に作られた一時的なラジオ局であることをあらためて感じる。しかし雑音が交じるぶんにはまだいいが、放送してはいけない音が入り込むこともある。それは二〇一五年十月二十日告示の町議会選挙の期間中のことで、街宣カーの音が問題になった。このときの町議会議員選挙は定数十三のところ十五人が立候補した。りんごラジオは役場の駐車場にあり、選挙期間中は日中何度となく街宣カーが通る。問題は、そこから流れる候補者の名前である。「こちらは〇〇候補です」というマイク音がりんごラジオの放送に入ってしまうのである。候補者の名前がそのまま放送されてしまうのは非常にまずい。そこで、りんごラジオでは、選挙の街宣カーが来た場合には放送を中断して、一時的に音楽に切り替えることになった。りんごラジオの一五年十月二十日から二十三日までのブログには、「山元町議会議員一般選挙が二十日火曜日に告示されました。選挙期間中は、町内を走る選挙の街宣カーの音声が放送に入ることを考慮して番組内容を一部変更させていただきます」と記載している。

そのようなスタジオで、りんごラジオはどのように放送しているのか。マスメディアの放送局であれば、本番に入るときはアシスタントディレクターが大きな声で「本番まで五秒前、四、三……」と秒読みする。しかし、りんごラジオではそんな本番前のカウントダウンは一切ない。放送を担当するアナウンサーが、みんなに聞こえる程度の小声で「マイク入りま〜す」と声をかける。これが本番前の合図である。「マイク入りま〜す」とは、目の前にあるマイクのスイッチを入れて、「これからしゃべり始めますよ」という合図だ。スタッフは、この合図に敏感に反応する。また、すぐ近くにある応接セットに座っているゲストや、遊びにきている町内の人には、スタッフがくちびるに人差し指を立てて、これから放送本番に入ることをジェスチャーで伝達する。そして放送が終わったとき、もしくは音楽をかけたときに「マイク切りました」と終わりの合図をする。これは、マイクのスイッチを切ったので話しても大丈夫ですよ、という合図だ。するとスタッフの話し声は、「マイク入りま〜す」の前に出していたのと同じ音量に戻る。そのタイミングがわからないゲストや町内の人たちなどは、終わりの合図があっても、まだひそひそ声のままでいる。

ところで、通常アナウンサーには、原稿を読む時間を計るためのストップウオッチは欠かせない。ところがりんごラジオでは、それを見かけたことがない。なぜかといえば、計る必要がないからだ。通常の放送では原稿を読む時間を決めていて、時間枠に収まるのかどうか、下読みをしながら時間をチェックするという作業を本番前におこなっている。どこの放送局でも、そうした姿が見られる。しかし、りんごラジオにはその光景はない。りんごラジオの場合、放送時間は決まっているものの、枠がゆるく設定されているため、時間制限は厳しくない。原稿読みがある情報番組は、朝の九時と昼の十二時、そして夕方の五時の三回、どれも放送枠は一時間である。行政情報が何分、イベント情報が何分、天気予報が何分などと細かく決めているわけではない。全体として一時間で収まればいいという考え方で運営しているようだ。もし時間が足りなくなればカットするし、余るようであれば次の番組まで音楽をかける、というやり方である。したがって番組は一時間枠でも、実際は五十八分だったり四十八分だったりと、その日そのときで時間がまちまちである。だからストップウォッチはいらないのだ。こうした番組編成なら、熟練したアナウンサーでなくとも対応できる。決められた時間内で原稿を読むのは、ある程度アナウンスの技術がないと難しいが、放送時間をゆるく設定することで、誰でも対応できるようにしているのである。また、番組が始まる時間を九時、十時、十一時という定時スタートにすることで、リスナーに聞いてもらいやすくするという配慮もある。りんごラジオは休日以外はすべて生放送だが、そうすることで緊急事態などに臨機応変に対応できるというメリットがある。常に緊急事態に備えている運営のあり方に、りんごラジオが災害に対応して始まったラジオ局であることをあらためて感じる。

4　りんごラジオの放送内容を分析する

保存された記録ノート

高橋は開局にあたって、放送記録を残すことを重視した。これまでの経験から、災害時の放送内容を記録しておくことは重要だと認識していたからだと思われる。そこで、放送の記録を残す作業をスタッフに課した。放送内容を記している学習用のノートの表紙には、資料名『放送記録』とあり、少し小さな赤字で「無線業務日誌」とある。表紙にはナンバー1から34まで番号をつけてあり、二〇一一年三月二十一日から一六年五月一日まで計三十四冊ある。法律上は、臨災局にここまでの詳細な「業務日誌」の作成は義務づけられていない。しかしそのノートには、放送開始時間と放送タイトルを鉛筆の手書きで一つひとつ記録してある。丁寧に書かれているものもあれば、殴り書きのようなものもある。手書きゆえの作業の大変さ、また混乱ぶりが、文字の乱れから推測で

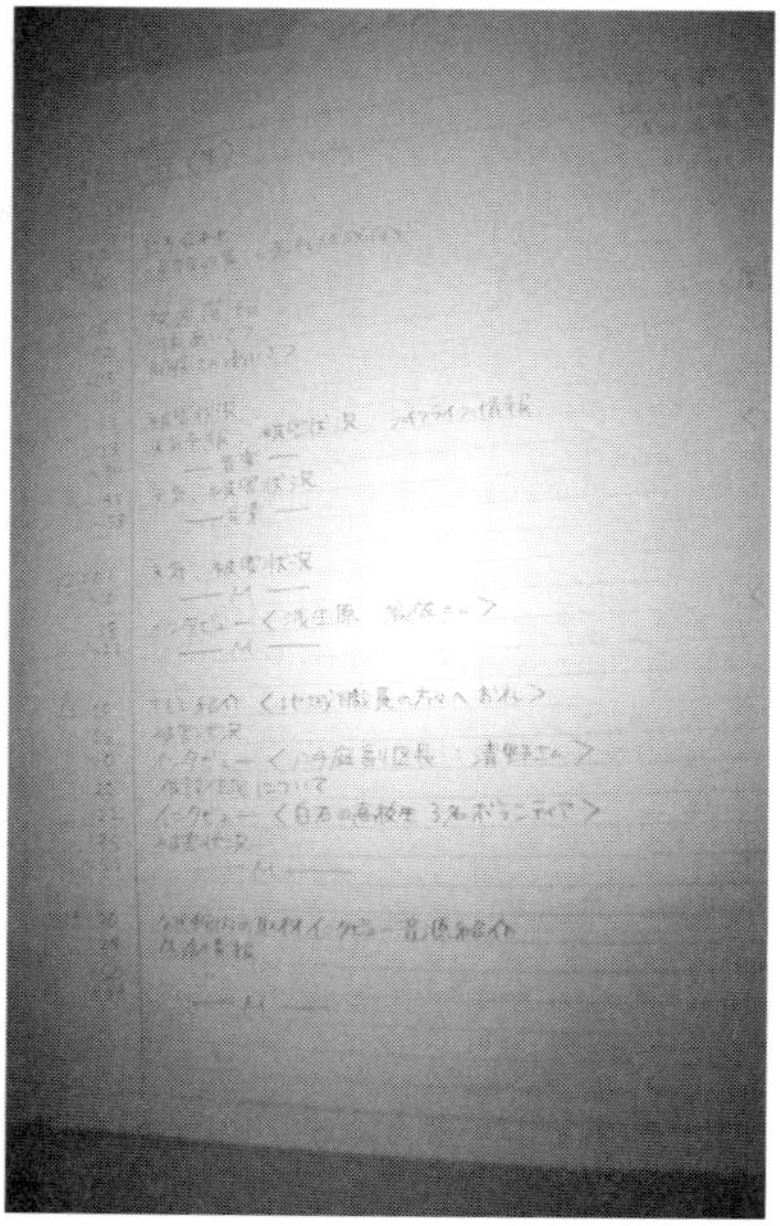

写真6　2011年3月21日初日の放送記録

きるものもある。これらの放送タイトルには、詳細な内容までは書いていない。しかしタイトルから、どんな種類の情報なのかということはわかる。ここでは一一年三月二十一日から九月二十一日までの百八十五日間の放送記録を分析する。なお、筆者の記録漏れが四点ある。①六月十八日午後一時から午後三時、②七月三日午前八時から十二時、③七月二十七日午後三時から午後六時、④八月十八日午後三時から午後六時までである。写真6は、ノートに記載された初日の放送タイトルである。

災害情報の区分

災害時の情報の特徴は、膨大な量であるのと同時に内容が目まぐるしく変化することである。そこで本項では、その変化をわかりやすく整理するために、三つの時期に分けてこの流れを捉えることにする。

第一期は、開局した三月二十一日から五月までのおよそ二カ月間とする。震災直後に発信した内容は行政情報が中心だったが、同時に町民の震災体験や生活状況、避難生活情報も合わせて発信していた。震災直後、山元町は町内とも外部とも連絡がとれない状況に陥った。しかし、十日後の二十一日にりんごラジオが開局したこともあって、情報が行き渡るようになり、町民らは徐々に落ち着きを取り戻し始めた。りんごラジオは、被害情報、安否情報、避難所の情報が手に入らない被災者に対し、行政に代わって発信することに加え、救援情報、生活情報、行政手続きなどの情報を流すことで、精神的にも混乱していた被災者を落ち着かせる役割を果たした。また、震災前にはこうした行政情報を広報誌や口コミなどを通して受け取るだけだった町民に、送り手という意識を植え付け、りんごラジオを通して町民から行政へ情報が流れ、さらにりんごラジオを通して行政から町民へ情報が流れるという、情報が循環するシステムを構築した。またこの期間は、入ってきた情報をそのまま放送するというい わゆる緊急放送体制を敷いていたため、リスナーにとっては自分の聞きたい放送がいつ放送されるのか、あるいは放送されないのかがわからない時期でもあった。

第二期は同年六月から九月までとした。第二期に入ると、りんごラジオは番組編成を整え、情報内容を時間帯ごとに整理して伝えるというシステムに切り替えた。放送プログラムを作成することで、例えば何時にラジオのスイッチを入れれば町長のインタビューが聞けるか、学校の情報はいつ放送されるのか、また町民のインタビューが聞けるのはどの時間帯かといったことがわかり、リスナーが情報を選別して聞けるシステムに切り替えたのである。第一期の放送システムは、行政情報が中心で、入ってきた情報をそのつど流すというものだった。しかし、行政情報の流れが一段落したことから、町民にとって聞きやすいシステムを導入し、同時に町民の意見をより多く取り入れた番組作りをおこなう体制へとシフトさせた。町民が情報発信の主体になることは、りんごラジオの開局当初から高橋が試みてきたことであり、徐々にその傾向を強めていった。

そして第三期は、二〇一七年三月三十一日に閉局するまでの期間である。第一期・第二期のようなあわただしさがなくなり、町は表面的には落ち着きを取り戻すようになる。この時期は、被害情報や生活情報など緊急性が高いものではなく、仮設住宅や道路、恒久的な災害対策など、復旧・復興をめぐる行政の対応に注目が集まるようになった。そこでりんごラジオでは、一一年十二月から町議会の生中継を始めた。

町議会そのものは公開されているが、りんごラジオで中継することで、役場に行かなくとも町議会を傍聴できるのはもちろんのこと、より身近に復旧・復興を感じることができるようになる。さらに、その議論のプロセスを聞くことで町民自らが何らかの意見をもつようになり、議論の参加に意欲的になることも期待できる。このようなシステムが構築できたのは放送が長期化しているからこそである。第一期と第二期は被害の軽減という臨災局本来の設置目的に合致した放送が中心だったが、第三期の議会中継は明らかに放送運営が長期化しているからこそ成立した企画だった。

『放送記録』から読み解く

ここからは放送初日の放送記録を紹介しよう。初日は分刻みで放送された。しかし、『放送記録』には番組名は記載してあるものの、それぞれの放送時間は記載されていない。また「11：11の被害状況」とあるが、何を取り上げたのか具体的な内容までは記載がない。また「12：18のインタビュー「浅生原、岩佐」[24]」とあるが、どんな内容のインタビューだったのかはわからない。つまり、この『放送記録』には原則的に、放送の長さと内容の詳細は記載されていないということになる。

時系列で見ていくと、被害情報が十一時台、十二時台、十三時台の三回、その後は生活情報が十四時台、十五時台、十六時台と十七時台の計四回放送されている。さらにインタビューは、生出演とは書いていないが、録音とも書かれていないので、おそらく生出演だったと推測できるものが八回あった。番組タイトルとして、「浅生原　岩佐さん」「八手庭副区長　清野さん」という町民や、「白石の高校生3名ボランティア」、それに「山下第二小学校6年生の2名」、そして消防団長や「陸上自衛隊豊川駐屯地室長杉浦さん」といった人物が示されていることから、小学生から自衛隊員まで幅広い人たちが出演していたことがわかる。それぞれの内容はわからないが、二〇一一年三月二十一日は震災から十日目であり、防災無線アンテナが震災と津波で破損し、町の全体的な被害情報が町民に伝達できていなかったことなどから、被災者が語る家屋の全壊状況や、津波による浸水といった全体的な被害情報や、消防団や陸上自衛隊員など実際に被災状況を目の当たりにしている人が寄せた被災情報が主な内容だったと推測できる。また小学生や高校生が話したのは、避難生活の状況や学校の様子などが主な内容だったのではないだろうか。十四時に放送された「公民館内の取材インタビュー」では誰にインタビューしたのかという記載はないが、当時公民館は避難場所になっていたことから、避難してきた人に震災当時の状況や津

表3　りんごラジオ開局初日の番組表

11：00	放送開始
：02	町長あいさつ
：05〜10	脇屋さんあいさつ
：11	被害状況
：13	天気予報、被害状況、ライフライン情報
〜30	──音楽──
：45	天気、被害情報
〜58	──音楽──
12：01	天気、被害状況
〜10	──M──
：18	インタビュー〈浅生原、岩佐さん〉
〜23	──M──
13：00	TEL 紹介〈地域職員の方々へのお礼〉
：05	被害状況
：10	インタビュー〈八手庭副区長清野さん〉
：20	仮設住宅について
：22	インタビュー〈白石の高校生３名ボランティア〉
：35	被害状況
〜50	──M──
14：00	公民館内の取材インタビュー音源紹介
：24	生活情報
：50	〃
〜59	──M──
15：29	インタビュー〈消防団長さん〉
：35	〈陸上自衛隊　豊川駐屯地室長杉浦さん〉
：47	〈伊達市市長奥さま〉
16：00	〈山下第二小学校６年生の２名〉
〜10	──M──
：30	TEL 紹介　〈東京のサクライさんより〉
	生活情報
：42	TEL 紹介（衣類提供情報）
：50	〈仮設住宅、ガソリン情報〉
〜53	──M──
17：00	生活情報
：15	TEL 紹介（４つほど）
〜20	──M──
：40	生活情報
〜55	──M──
18：31	本日の TEL のまとめ
	ＦＭながおか脇屋さんから
19：05	放送終了

表4　2011年5月23日からの番組表
（筆者作成）

時間	番組名
08：00	ありがとう！りんごラジオです
09：00	情報カフェ
10：00	健康一番！
11：00	ハローやまもと！
12：00	ありがとう！りんごラジオです
13：00	りんごラジオ音楽館
14：00	やまもとヴォイス
15：00	ラジオいろいろ教室
16：00	学校だより
17：00	ありがとう！りんごラジオです
18：00	終了

波の様子、また現在の生活状況などについてインタビューしたのではないかと思われる。このように、初日の放送タイトルを見るだけでも、一般町民や消防団、また自衛隊などから生の被害情報を聞いて、行政情報を交えながら震災後の町内の様子を伝えていたことがわかる。

りんごラジオは二〇一一年五月二十三日から、時間帯を区切って情報を提供する番組編成に切り替えた。それまではさみだれに情報を流していたが、この時期から何時にりんごラジオをつければ、どんな情報が聞けるかが明確になった。そしてその日の出演者や詳細な内容などは、毎日りんごラジオのウェブサイトで更新されるようになった。

午前八時からは『ありがとう！　りんごラジオです』で、主に町からの情報やイベント情報、天気予報、また朝の町民インタビューなどを放送した。午前九時からは『情報カフェ』に切り替わる。地方紙の「河北新報」や、全国紙から地域の話題を紹介する番組だ。午前十時からは『健康一番！』で、ここでは健康に関わる情報を放送し、午前十一時からは『ハローやまもと！』という中継番組、そして十二時からは『ありがとう！　りんごラジオです』に戻って、朝の情報のリピートとその後に届いた新しい情報を伝える。

午後一時からは『りんごラジオ音楽館』で音楽を流している。午後二時からは『やまもとヴォイス』という、町が進めているプロジェクトについて役場の職員が説明する番組を放送し、午後三時からの『ラジオいろいろ教室』では、町内在住の講師を招いて民話や歴史、俳句、話し方までさまざまなことを学ぶ教養番組を流す。午後四時からは『学校だより』。町内の保育園や幼稚園、小・中・高校の関係者、生徒が出演して学校情報を伝える番組である。午後五時からは『ありがとう！　りんごラジオです』に再度戻り、一日の情報をまとめて放送する。このようにみると、インタビュー番組が多いことがわかる。

このように五月以降のりんごラジオの番組は、一時間を基本枠としている。またインタビュー番組としては、午前十一時からの『語り継ぐ！私と東日本大震災』と午後一時からの『ボランティア情報』、午後四時からの『学校だより』、午後五時からの『ゲストインタビュー及び行政情報』があり、毎日四時間をあてている。こうしたインタビューを中心とした番組編成が、りんごラジオの特徴になっている。

放送タイトルの分類

次に、『放送記録』ナンバー1から10に記載されている放送タイトルの分類を試みてみよう。対象となるのは、りんごラジオが開局した三月二十一日から九月二十一日までの百八十五日間で、その間に書かれていた放送タイトルの総数は一万四千二百六十一である。それらを内容別に分けると、百九十八のグループ（以下、小項目と表記）に分かれる。放送タイトルには、地域の特色や災害に関わることがらなど、さまざまな言葉が含まれている。そこに共通性を見いだし、グループ別に分類することで、情報種別をわかりやすくしたい。表5は、内容別の小項目と各タイトルを、数の多い順に分類したものである。

分類項目による整理

表5で示した百九十八の小項目を、ここではさらに継時的に分析しやすいよう八つのカテゴリー（以下、大項目と表記）に分類する。分類した項目は、①行政情報、②音楽、③生活情報、④個人に関する情報、⑤イベント情報、⑥インタビュー、⑦学校情報、⑧その他、の八項目である。各項目の内容は、以下のとおりである。

まず、どのような情報が、どのくらいの割合で放送されたのかについて、全体の概観を示す。そして、次に運営が長期化しているという観点から、項目を開局から五月までの第一期と、六月から九月までを第二期に分けて整理し、考察する。

行政情報：悪徳商法情報、アスベスト情報、遺体安置情報、遺体確認情報、イベント情報の一部、運転免許情報、介護保険情報、介護保険免除情報、家屋調査情報、貸付制度情報、ガス情報、仮設住宅情報、仮設店舗貸付情報、火葬費用免除情報、がれき情報、義援情報、義援金配布情報、企業支援情報、救援情報、行政

表5　放送タイトルの分類

グループ別小項目	記載されている主な内容タイトル	数量
音楽	りんごの唄・オルゴール、青春のフォーク＆ポップス	2,237
インタビュー	町民インタビュー、インタビュー裾上げボランティア、亘理高校生（女子）地震の時の話	817
天気＆ニュース	天気予報、河北新報から拾い読み、楽天結果、桜の話題	687
イベント情報	母と子の山元元気市、大相撲炊き出し、自衛隊お別れセレモニー	635
放射線量情報	放射能モニタリング、放射能レベルのお知らせ、放射能測定結果	419
義援金情報	義援金情報、義援金協力へのお願い、義援金振り込みについて	375
バス情報	バス予約について、バス運行情報・ぐるりん号運行について	301
仮設住宅情報	仮設住宅について、応急仮設住宅申し込みについて、仮設住宅入居説明会	287
体操	体操エコノミー症候群対策体操、ダンベル体操、体操の時間鈴木玲子	282
写真復元情報	アルバムを発見し心の明るさを（自衛隊）、汚れた写真の洗浄、被災写真の無料補修	281
ジングル	サーカスによるジングル紹介、りんごラジオジングル、ジングル（りんごの唄）	248
ボランティア情報	無料の針鍼灸指圧情報、ボランティア散髪のお知らせ、災害ボランティア	217
ゴミ情報	ゴミ置き場について、ごみの出し方、ごみ収集日程、粗大ごみの受付、粗大ごみ置き場	215
コンサート情報	チャリティーコンサートのお知らせ、コンサートの案内、演奏会のお知らせ自衛隊コンサート	209
がれき情報	がれきの撤去方法、がれきの撤去の意思表示の旗について、がれき撤去清掃について	173
被害情報	被害状況、最新被害状況、坂元・山下地区の状況、被害関係、浸水被害のお知らせ	154
役場職員採用試験のお知らせ	山元町職員採用試験、町初級職員採用試験のお知らせ、上級職員採用試験のお知らせ	146
立入禁止情報	立入禁止区域について、家屋への立入禁止区域について、立入禁止交通規制について	145
心のケア情報	子どもの心のケア巡回相談会、健康セミナーストレスのアドバイス、仙台いのちの電話	143
ハローワーク情報	ハローワーク仙台からのお知らせ、ハローワーク巡回相談のお知らせ	138
あいさつ	朝のあいさつ、町長あいさつ	133
支援制度情報	被災者生活再建支援制度について、被災者支援制度、住宅再建支援制度、災害支援金	131

グループ別小項目	記載されている主な内容タイトル	数量
アーカイブ情報	3月11日の記録集めています、被災状況のフィルム公募について、写真・映像の公募	131
りんごラジオ案内	りんごラジオ案内、りんごラジオ活動状況、りんごラジオのホームページついて	130
税金情報	自動車税の件、納税期限延長の件、高齢者免税、納税申請について、減免猶予の件	128
住宅修理情報	住宅応急修理制度、応急修理制度申請について、住宅修理制度について一世帯52万円	121
見舞金情報	山元町損害見舞金、損害見舞金、負傷見舞金について、再建見舞金、申請について	120
電話番号紹介	電話番号紹介、問い合わせの多い電話番号紹介、電話番号読み上げ、生活情報の電話番号	116
義援金配布情報	義援金配布について、義援金振込について、義援金第一回配分	116
罹災証明書情報	罹災証明書について、罹災証明の申請、申請交付方法、使用の内容について、	108
お風呂情報	自衛隊による仮設お風呂、尾張の湯、尾張の湯の3月28日まで休み29日～、利用状況等	93
水道復旧情報	水道復旧情報、水道復旧状況、23日まで町内7% 水道復旧、水道設備復旧状況	92
役場情報	役場掲示板情報、仮庁舎の件、開閉庁時間について、役場関連情報、土日の役場業務	86
支援物資配布情報	支援物資配布中4月10日～、米・調味料配布について、山元幼稚園衣料配布大人用もある	83
避難指示情報	避難指示区域の墓参りについて、避難指示区域の拡大について、一部解除について	82
復興計画等情報	復興計画について、復興案の説明会開催、復興計画の基本方針住民説明会の開催	81
各種相談会情報	個人事業主の整理相談会、外国人窓口開設、避難所の巡回移動相談会、なんでも相談会	81
支援物資不足情報	物資提供のお願い、野菜ジュース、牛乳、殺虫剤、蚊取り線香、支援物資の協力のお願い	78
貸付制度情報	生活資金の貸付、救援資金の貸付350万円～、災害住宅貸付制度について	77
建物撤去情報	建物撤去の案内、被災建物解体の手続き等について、解体撤去の方法、解体の申請	76
自動車関連情報	車の撤去の方法、自動車学校からのお知らせ、車検の延長、車庫証明について	74
水道情報	水質→安全、水道料金について、水道情報、水道水に関する質問について	74

グループ別小項目	記載されている主な内容タイトル	数量
小学校情報	坂元小学校終了式情報、小学校の始業・入学式、坂元・山下第一・山下第二小学校情報	73
鉄道情報	JRの運転状況、JR復旧状況、JR常磐線増便、JRダイヤ改正、仙石線一部再開	72
地震発生情報	震度4福島県沖、地震のため中断、4月7日の地震について、最近地震が多いので注意	72
支援物資中断情報	支援物資一時中断のお知らせ、支援物資在庫調整のため一時受け入れ中止	72
税金相談情報	22年度確定申告延長、税務避難所相談会のお知らせ、税務の巡回相談会	71
金融機関情報	銀行・信用金庫営業情報、七十七山下支店開始、被災企業への手形・小切手・通帳取り扱い	71
震災復興有識者会議情報	震災復興委員会などについて、震災復興有識者会議の公開について、一般公開について	70
名簿読み上げ	亡くなった人の名前読み上げ、安否未確認の人の名前読み上げ、安否情報のない方の読み上げ	69
公共料金情報	NHK放送料金、NTT東日本電話料金、公共料金について	66
診療情報	歯科診療情報、医療情報について、乳幼児健診の件、避難所歯科診療、避難所の巡回診療	65
疾病情報	風邪インフルエンザ予防方法、エコノミー症候群対策、感染症に注意、感染源対策、熱中症に注意	62
警察情報	貴重品の取り扱いについて、犯罪情報、町内火事場どろぼう→防犯パトロール、路上駐車禁止	62
保育所情報	保育所一時預かり、一時保育について、保育所のお知らせ、東保育所親会開催について	61
避難所情報	避難所の人数、避難所の状況、避難所情報、1,945人避難所6カ所	61
臨時職員募集情報	山元町臨時職員募集、役場臨時職員募集、町臨時職員55人募集、臨時災害放送職員募集	58
生活再建支援情報	被災者生活再建支援制度、再建支援制度、家屋生活再建支援制度(罹災証明書必要)	54
安否情報	林いとさん(100歳)震災3日目ヘリコプターで救助町長祝福、ラジオでの安否確認結果について	54
健康情報	健康情報(河北新報から)、健康情報なぜ泣くとすっきりとするのか、健康一口メモ	54
歴史等情報	歴史民話の解説、山元町の歴史散歩シリーズ、町民歌の歴史紹介	53
買い物情報	買い物状況各販売店について(わたり生協、ヨークベニマル)山元・亘理買い物状況	53
医療情報	医療情報(開院時間等、土日の開業状況)、医療関係について	53

グループ別小項目	記載されている主な内容タイトル	数量
町議会情報	山元町臨時議会について、6月議会のこと、町議会始まる、定例議会の様子、町議会報告会	52
消防情報	山火事の防止、山火事に注意	52
アスベスト情報	被災地の粉塵対策、防塵マスクをつけましょう、アスベスト予防、マスク配布の件、アスベストに注意	52
電気復旧情報	東北電力からのお知らせ、東北電力復旧状況、東北電力復旧の手順	51
避難情報	一次避難の様子（テープ）、県外避難情報、二次避難についての案内（ホテル型、公営住宅型）	51
学校情報	始業式情報、学校関連、学校関係（入学式）、宮城教育委員会より緊急学校支援員募集のお知らせ	50
宅配情報	宅配便情報、宅配便営業情報、ヤマト運輸情報、佐川宅配便情報	49
給水情報	給水場所と時間、給水－役場前給水車2台、各地域給水時間場所案内、給水スケジュール	49
タクシー情報	町内タクシー営業状況、タクシー3社情報、営業状況	48
運転免許情報	免許センター再開の件、運転免許更新の件、亘理警察署にて免許更新（6ヶ月以内）が受けられる	44
医療費免除情報	医療費免除の件、医療機関支払い免除のお知らせ、被災者医療費免除について	43
幼稚園情報	山元幼稚園の入園式、卒園式、山元幼稚園からのメッセージ（園長先生から）	42
破傷風情報	破傷風に注意、破傷風の予防と対策、破傷風注意（ガレキ、汚水に注意）	41
下水情報	下水道管工事トイレットペーパー使用注意、下水道設備について、下水→1年程度かかる予定	40
ライフライン復旧情報	ライフライン復旧状況、山元町のライフライン関連、ライフライン復旧情報	40
中学校情報	山下中学校の卒業証書発行のお知らせ、学校だより坂元中学校・山下中学校	40
りんごラジオへのメッセージ紹介	激励メッセージの紹介と差し入れ、愛知の自衛隊さんからのメッセージ、お便りの紹介	38
住宅再建支援情報	住宅再建資金取り扱い、被災者住宅再建制度、住宅再建支援金、住宅再建制度	38
行政情報	未払い賃金立て替え制度、新年度について、ふるさと環境事業、山林保全について、転出届け案内	38
保険情報	医療保険証の件、保健福祉料の件、国民健康保険免除について、保健各種のお知らせ	37
放射線影響情報	健康セミナー開催放射能の亘理郡への影響について、健康セミナー開催について	37

グループ別小項目	記載されている主な内容タイトル	数量
法務相談会情報	法務局よりお知らせ、法律無料相談について、法務局出張相談、避難所対象による相談会	35
住宅融資情報	被災者の災害復興住宅融資の優遇策、災害復興住宅融資の優遇策	35
ペット情報	犬猫の一時預かり情報、ペットのシェルターについて（岩沼市）、情報紹介犬保護の情報	34
緊急生活情報	生活情報、ラジオ配置先のお知らせ、生活情報のまとめ	34
家屋調査情報	家屋の安全点検について、家屋点検赤→危険、黄色→注意、家屋の入居時注意	34
農業情報	稲の作付について、水田塩害対策、営農再開支援について、営農サポート	32
震災からの日数情報	東日本大震災から100日目、震災から3ヶ月目	32
児童通学補助情報	児童通学費補助について、遠距離通学者の補助について、通学交通費補助について	32
公営住宅情報	県外公営住宅希望者について、県外公営住宅申し込みについて、県外公営住宅申し込みについて	31
原発医療情報	甲状腺被曝について、亘理郡医師会による講演会放射能の影響、公開講座	29
悪徳商法情報	悪徳商法に注意、震災に乗じた悪徳商法や詐欺に注意	29
外国語放送	英語・中国語で案内、外国語4カ国語放送（日本語・英語・中国語・韓国語）	29
避難者情報	避難者数について、避難場所の連絡先お知らせのお願い、避難所の避難者数、避難者相談会開催	28
弁護士相談会情報	弁護士相談会、弁護士会の無料相談会、無料相談電話サービスのお知らせ	27
上下水道情報	上下水道料金について、上下水道料金の徴収内容について、上下水道料金減免について	27
取材情報	町長テレビ出演について、毎日放送からのインタビュー受ける、取材協力のお願い	27
保険センター	保険センターからのお知らせ、保険センターの健康相談、保健センターの育児・離食・予防接種相談	26
土地所有確認情報	町有地民有地の境、土地の境界の立会いについてのお知らせ	26
死亡届情報	死亡届3月13日分・3月30日分の死亡届け3名、死亡届けが出された2名のお名前	26
電話情報	NTTドコモからのお知らせ、NTT東日本からのお知らせ、案内NTT電話回線移動終了	25
自衛隊情報	自衛隊の活動について、1,400名自衛隊出動、自衛隊チャリティー支援、自衛隊音楽隊の演奏	25

グループ別小項目	記載されている主な内容タイトル	数量
経営相談情報	中小企業向け経営相談、被災された中小企業経営者対象の経営相談会	24
復旧情報	復旧状況、復旧がおくれている→資材が入らないため、山元町の被害と復旧状況	23
小中学校情報	小学校・中学校の始業式・入学式について、小中学校について、町内小中学校登校状況	23
住宅基準見直し情報	撤去の意思表示の旗について、住宅損壊判定見直し、罹災証明の判定見直し	23
学用品提供情報	学用品の引き渡しについて、学用品等無償提供について、ランドセル運動着学用品の提供について	23
郵便情報	郵便物配達の件、郵便物の避難所配達の件、郵便物の配達窓口時間変更の件	22
放射線説明会情報	放射線無料説明会のお知らせ、放射線基礎知識講演会について	22
年金情報	紛失により年金などを受け取り困難者の方へ、年金相談、国民年金及び年金受給に関する相談会	22
葬祭費用情報	震災の遺族へ、火葬相談会、町民生活課からのお知らせ、被災によるご遺族への関係費用還付	21
音の絵本	音の絵本（ピノキオつるたまゆ、一寸法師、おやゆびひめ、ピノキオ、かぐや姫、赤ずきん）	21
民話	桜の話、お話玉手箱（うさぎの目はなぜ赤い、天狗の鼻はなぜ高い、花と蝶々の姉妹）	20
プロパンガス情報	プロパンガス検査について、プロパンガス安全点検、プロパンガス供給開始について	20
生活保護情報	生活保護申請、保健福祉課からのお知らせ、生活保護について	20
人口情報	町の人口情報、人口動態、人口・世帯数、避難所人口の情報	19
失業労災情報	失業労災について、失業労災関係、社会福協協議会からのお知らせ	19
遺体確認情報	遺体の写真確認について、遺族の方へ遺体の確認関係、遺体確認写真の閲覧について	19
黙とう	黙とうのお知らせ、14:46の黙とう、あすの黙とうはご一緒に、震災1ヶ月後の黙とう	18
トイレ情報	トイレ使用上の注意、トイレットペーパーの取り扱いについて、トイレ生活雑排水	18
電気料金情報	電気料金について、電気料金の免除について、被災された方の電気料金	18
地域復興組合情報	地域振興組合結成、地域振興組合設立のお知らせ	18
埋葬情報	仮埋葬について、仮埋葬満福寺、遺体の確認仮埋葬、宮城県警から埋葬のお知らせ	18
見舞金配布情報	日本財団の弔慰金配布について、損害見舞金の振り込みについて	17

グループ別小項目	記載されている主な内容タイトル	数量
床屋情報	散髪のボランティアの案内、町内の床屋さんの営業情報、床屋の案内	16
男女参画相談情報	みやぎ男女参画相談会、みやぎ男女相談室のお知らせ	16
所在確認情報	土地の境界立ち合いについて、境界線立ち合いについて	15
道路情報	国道6号線の情報、国道東側見通し立たず、高速道路通行止め、道路情報、通行規制	14
消毒液配布情報	消毒液散布情報、被災地域の消毒作業について、消毒用消石灰配布オスバン消毒液	14
司法書士会相談情報	司法書士会から実印銀行印紛失者の相談について、法律に伴うトラブル相談について	14
乳幼児健診関連情報	乳幼児健診のお知らせ、乳幼児健診の案内、乳幼児予防接種の延期	13
災害対策本部情報	災害対策本部より	13
公共施設情報	図書館、美術館、博物館案内、亘理図書館のお知らせ、亘理図書館開館	13
融資情報	災害復興融資について、社会福祉融資について、生活資金融資について	12
高校情報	亘理高校からのお知らせ（始業式案内）、名取高校入学予定者への連絡、東北高校試合結果	12
行政相談会情報	災害支援特別行政相談会のお知らせ	12
保険事業再開情報	保険事業再開のお知らせ（各種相談、予防注射等）	11
食中毒情報	食中毒の予防、食中毒に注意、魚介類の調理について、腸炎ビブリオ食中毒注意報	11
住宅相談情報	住宅無料相談、被災住宅無料相談窓口	11
国保保険料免除情報	国民健康保険免除	11
健康相談情報	健康相談、便秘に注意、便秘予防について	10
火葬費用免除情報	火葬費用の還付請求について、火葬費用の免除、火葬費用の一部給付	10
仮設店舗貸付情報	中小企業仮設店舗等貸付事業について、説明会の開催	10
介護保険情報	介護保険料について	10
自転車修理情報	自転車修理の活動状況、自転車修理無料について、自転車ボランティア	10
ガソリン情報	ガソリン待ちで死亡事故あり、ガソリンスタンド営業情報、ガソリン供給不足回復しつつある	9
母子手帳情報	母子手帳交付	9
灯油配達情報	灯油配達、スーパー・生協灯油配達、協同配達、灯油配達今週から通常	9

グループ別小項目	記載されている主な内容タイトル	数量
津波流出物復元情報	流出物保管について、流出物の貴重品引き渡しについて、展示公開の場所や時間	9
救援情報	緊急ラジオの配布について、支援職員の食事作り、高校生8人が自転車で物資運搬してくれた	9
生協情報	宮城生協開店、宮城生協の仮設住宅への商品お届けサービス	8
所得税免除情報	所得税の免税、所得税軽減免除について、所得税軽減免除の相談について	8
再建制度情報	生活再建支援制度、被災者再建制度 MAX300万円全壊250万円	8
国保納入期限延長情報	国民健康保険料納入期限延長について、保険料等の延長について	8
空港情報	仙台空港4月3日開港、仙台空港定期便再開のお知らせ	8
企業支援情報	被災中小企業者の方へ、被災企業への対応	8
一般生活情報	生活一般情報、生活情報のまとめ	8
支援物資情報	支援物資の案内、本日発送の支援物資について	8
病院情報	病院情報、臨時診療所開設について、臨時開業（病院）、医療情報、あすは休診	7
土地利用計画情報	土地利用に関する情報、土地利用計画についてのお話し会	7
災害相談情報	災害窓口時間変更、震災相談窓口	7
眼科診療相談情報	巡回眼科診療相談会、目の相談会	7
各種保険事業情報	各種保険事業の変更、各種保険事業の変更等のお知らせ	7
介護保険免除情報	介護保険減免について、介護保険料利用料の減免について	7
遺体発見情報	3月25日3人の遺体が見つかる、4月6日7人の遺体が見つかる、4月9日9人の遺体が見つかる	7
遺体安置情報	遺体の安置所について、遺体安置について、遺体安置情報	7
行方不明者情報・提供情報	行方不明者の情報提供のお願い、行方不明者発見のお知らせ	6
清掃センター情報	清掃センター休止中、亘理清掃センター停止中、ごみ清掃センター STOP について	6
人権相談情報	人権移動相談会開催、避難所での人権巡回相談、避難所での移動相談（人権、行政相談）	6
常磐道工事情報	常磐自動車道山元工事説明会、常磐道の説明会について	6
し尿汲み取り情報	し尿汲み取り先変更、し尿汲み取り	6
建築制限情報	避難解除地区建築制限について	6
堤防情報	海岸仮堤防について、海岸線の堤防について、仮堤防避難指示区域	5
節水情報	節水の呼びかけ、トイレ等雑用水の節水の協力	5
歯科相談情報	歯科相談について、歯科相談巡回	5
漁協情報	宮城県山下漁協からのお知らせ	5

グループ別小項目	記載されている主な内容タイトル	数量
遺体捜索情報	遺体の捜索目視・がれき除去・重機械で300人で捜索、捜索状況	5
育児相談情報	育児離乳食相談	5
美容院情報	美容院ヴッティベル再開送迎あり、ラブストーリーヘアーカット案内	4
雑排水情報	生活雑排水について	4
ガス情報	ガス漏れ点検、ガスのお知らせ	4
お店情報	スーパー・ホームセンター営業状況（アイユー、カインズホーム、スーパードラッグストア）	4
亘理町情報	亘理被害情報、亘理災害対策本部より亘理の被害情報	3
労働相談会情報	雇用労働年金に関する相談会、労働相談会のお知らせ	3
防疫対策情報	防疫対策について、防疫対策薬の配布について	3
中小企業整備事業情報	中小企業事業整備説明会について	3
地域サポート情報	地域サポートについて、地域サポートセンターについて	3
生活困りごと相談情報	生活困りごと相談会のお知らせ	3
消費者相談情報	消費者相談会、消費生活移動相談会	3
地震情報	地震対策、地震酔い（毎日新聞）	3
眼科診療情報	眼科の診療	3
医療費相談情報	巡回医療相談の廃止、予防接種、個別相談	3
交通情報	交通情報	2
その他	迷い犬のお知らせ、迷い犬の保護、つばめの話、さくらんぼにまつわる話、お盆について	75

情報、行政相談会情報、漁協情報、空港情報、警察情報、下水情報、建築制限情報、原発医療情報、公営住宅情報、公共施設情報、公共料金情報、国保納入期限延長情報、国保保険料免除情報、ごみ情報、災害対策本部情報、再建制度情報、雑排水情報、自衛隊情報（一部）、支援制度情報、支援物資情報、支援物資中断情報、支援物資配布情報、支援物資不足分情報、地震情報、地震発生情報、失業労災情報、自動車関連情報、児童通学補助情報、し尿汲み取り情報、住宅再建情報、住宅修理情報、住宅判定基準見直し情報、住宅融資情報、上下水道情報、消毒液配布情報、常磐道工事情報、消防情報、食中毒情報、所得税免除情報、人口情報、震災復興有識者会議情報、水道情報、水道復旧情報、生活再建情報、

生活保護情報、税金情報、税金相談情報、清掃センター情報、節水情報、葬祭費用情報、立入禁止情報、建物撤去情報、男女共同参画相談情報、地域サポート情報、地域復興組合情報、中小企業整備事業情報、町議会情報、堤防情報、電気復旧情報、道路情報、土地所有確認情報、土地利用計画情報、年金情報、農業情報、ハローワーク情報、被害情報、避難指示情報、避難者情報、避難情報、避難所情報、復旧情報、復旧計画等情報、防疫対策情報、放射線影響情報、放射線説明会情報、放射線量情報、保健事業再開情報、保険情報、保険センター情報、母子手帳情報、埋葬情報、見舞金情報、見舞金配布情報、役場情報、職員採用試験のお知らせ、罹災証明書情報、臨時職員募集情報、労働相談情報、亘理町情報

音楽情報：音楽情報、ジングル

生活情報：一般生活情報、お風呂情報、買い物情報、ガソリンスタンド情報、給水情報、緊急生活情報、金融機関情報、交通情報、自転車修理情報、生協情報、タクシー情報、宅配情報、鉄道情報、天気&ニュース、電気料金情報、電話紹介情報、電話情報、トイレ使用情報、灯油配送情報、床屋情報、バス情報、美容院情報、プロパンガス情報、弁護士相談会情報、融資情報、郵便情報

個人に関する情報：安否情報、遺体捜索情報、遺体発見情報、医療情報、医療費免除情報、各種相談会情報、各種保険事業情報、眼科診療情報、眼科診療相談情報、経営相談情報、健康情報、健康相談情報、心のケア情報、災害相談情報、歯科相談情報、疾病情報、司法書士会相談情報、死亡届情報、写真復元情報、所在確認情報、人権相談情報、診療情報、生活困りごと情報、破傷風情報、病院情報、ペット情報、法務相談会情報、ボランティア情報、名簿読み上げ情報、行方不明者情報提供情報、労働相談会

イベント情報：イベント情報、自衛隊情報の一部

インタビュー：インタビュー

学校情報：学用品提供情報、学校情報、高校情報、小学校情報、小中学校情報、中学校情報、保育所情報、幼稚園情報

その他：アーカイブ情報、あいさつ、音の絵本、外国語放送情報、取材情報、震災からの日数情報、体操情報、民話情報、黙とう、りんごラジオ案内情報、りんごラジオへのメッセージ紹介情報、歴史話等情報

このように八つに分類した結果、「行政情報」が全体の三九・二％にあたる五千五百九十一タイトル、次いで「音楽情報」の二千四百八十五タイトル（一七・四％）、「生活情報」の千七百八十五タイトル（一二・五％）、「個人に関する情報」の千四百二十タイトル（五・七％）、「イベント情報」の八百五十タイトル（六・〇％）、「インタビュー」の八百十七タイトル（五・七％）、「学校情報」の三百二十四タイトル（二・三％）、「その他」の九百八十九タイトル（六・九％）という結果になった。

「行政情報」の内容

「行政情報」は全体の三分の一以上と多数を占めるので、ここでさらに具体的な内容にしたがって再分類したい。さらに、「行政情報」を第一期（開局から五月まで）と第二期（六月から九月まで）に時期を分けて、長期化によって内容がどう変化したかを分析する。

まず「行政情報」（五千五百九十一タイトル）とは具体的にどんな情報なのか、またどんなタイミングで放送したのか、またそうした情報がいつごろから減少していったのかについて分析する。そのために、「行政情報」を四つのカテゴリー（以下、中項目と表記）に分けて分析する。震災や津波の被災者のための住宅修理に関する情報や融資、支援制度、生活再建制度、仮設店舗貸付に関する情報を①「制度情報」とする。次に避難所の開設、仮設住宅の建設と入居申し込み、公営住宅、がれきやごみ処理、悪徳商法への注意喚起、ハローワーク、公共料金に関することなど、被災者の生活に必要な行政からの情報を②「生活行政情報」とした。さらに、震災で仮役場庁舎が建設された役場内の案内や開閉庁時間、役場職員募集、盗難・空き巣などの防犯、町議会に関する情報を③「役場情報」、そして①②③に含まれないもの、知事や国会議員の来町、山火事などの消防の情報を④「そ

の他」とする。

この中項目の四つのうちでもっとも多かったのは「制度情報」で二千八十三タイトル＝三七・三％、ほかは「生活行政情報」は千六百二十二タイトルで二九・〇％、「役場情報」は千四百十五タイトルで二五・三％、「その他」は四百七十一タイトルで八・四％だった。

「制度情報」は、一カ月後の四月から多くの情報が放送され、三月は百六十六タイトル（二六・七％）だったものの、四月は七百三十三（四三・二％）、五月は四百三十五（四三・九％）という数字がでている。四月は、各種の支援物資や義援金に関する情報が多かったことを放送の要因として挙げることができ、また五月は、住宅修理や住宅に関する融資の支援制度が情報として多く放送されたという結果になった。そうした支援制度は、第二期に入ると徐々に少なくなるが、七月に二百四タイトル（三五・九％）、九月に二百十一タイトル（四六・四％）と、それぞれの月で計二百タイトルを超えている。これは三月と四月の放送は支援制度そのものの情報や申し込みなどに関する案内であったのに対して、七月と九月は実際の支援物資や義援金の受け取りに関する情報だったため、被災者に広報するために情報量が増えたということである。

次に「生活行政情報」の特徴は、第一期と第二期の情報量の差にある。第一期は千百五十一（三四・八％）あるが、第二期は四百七十一（二〇・六％）となり、一四・二ポイント少なくなっている。これは、「生活行政情報」のニーズが震災直後には高かったことを示している。

「役場情報」についてみると、三月は七十九（一二・九％）と少なく、四月は二百七十（一五・九％）、五月は二百二十九（二三・一％）と情報量が増加している。これは、原発事故に伴う放射線量に関する情報や、津波によるガレキを撤去するために町内で立ち入り禁止になった区域の案内などが第一期には多かったのだが、第二期に入ると、五月下旬から始まった臨時職員募集に関する情報が増えたことによる。また復興計画に関する情報、義援金詐欺に関する警察からの情報なども新たに加わった。「制度情報」と「生活行政情報」のタイトル数がともに減っていったのに対し、「役場情報」は六月から九月にかけて増えている。これは常勤の役場職員や臨時職員の募集告知によるところが大きい。常勤は六月からだが、臨時職員の募集は五月から始まっていた。国から震災復興予算が拠出され、復興事業が開始したのに伴って役場職員の数が足りなくなり、急遽職員を増やす必要があったためである。

「行政情報」の第一期と第二期の変化を分析してわかることは、衣食住に関する情報が多く含まれている「生活行政情報」と「制度情報」の二つが第一期に多いことである。なかでも四月は「生活行政情報」が五百六十七(三三・四%)、「制度情報」が七百三十三(四三・二%)と、合わせて全体の七六・六%を占めた。その後、「制度情報」は二期になると減少してくるが、これは融資関連などの支援制度に関する情報が少なくなったためである。

それに対して「生活行政情報」は、第二期に入ってもそれほど極端に減少してはいない。仮設住宅の入居関連、またごみ情報など震災後の後片づけに関するもの、そして六月以降になると、税金相談や各種の相談会情報などが新たに発信される頻度が多くなり、第一期の衣食住という生活基盤の情報から、第二期の生活周辺の情報へと移行していったことがわかる。

こうした情報内容の推移は、リスナーである被災者が求める情報や、その問題についての関心に合わせて内容が変わっていったことを示している。

「インタビュー」の内容——発信者としてのリスナーの萌芽

りんごラジオの放送タイトルの大分類では、インタビュー(出演を含む)が約六%を占める。数多くの人が出演もしくはインタビューによって情報を発信している。開局した初日も、町長、前述の脇屋、インタビュー「浅生原　岩佐さん」「八手庭副区長　清野さん」「白石の高校生3名ボランティア」、公民館内の取材インタビュー、「消防団長さん」「陸上自衛隊　豊川駐屯地室長　杉浦さん」「伊達市市長の奥さま」「山下第二小学校六年生2名」が生放送か録音で出演している。このように、初日にすでに一般町民や消防団員、自衛隊員、またボランティアの高校生、小学生など幅広い層が情報を発信した。

高橋は、一人ひとりがもっている情報を開示して発信することで次の情報が生み出されると考えていた。また、それまで気がつかなかったことでも、一つの情報がヒントになって次の情報へとつながっていくことにインタビューの意味があると、高橋は筆者に語ってくれた。

情報が情報を生み出して展開していくことを物語る事例を、二つ紹介しよう。

一つは、仮設住宅のネズミ被害に関するものである。二〇一二年十二月の町議会で、仮設住宅でネズミが発生している問題が取り上げられた。そこでりんごラジオは、ネズミが出た仮設住宅を取材し、その実態を明らかにしたところ、ネズミの発生はその場所ばかりではなく、どこの仮設住宅でも起きていることがわかった。一つの仮設住宅について報じたことで、ほかのところの住民からも、同じことが起きているという声があがったのである。こうしたことから、地方紙の「河北新報」も仮設住宅に大量のネズミが発生し、糞害や洋服がかじられる被害が起きていると報じた。[25] そのおかげで、仮設住宅でのネズミの大量発生問題は全国に知られるようになった。そして支援物資として、ネズミを駆除する薬やネズミ捕りの仕掛けが届いたという。高橋が言う情報が情報を生むとは、まさにこういうことである。一つの情報は点にすぎないが、その情報が伝播することで別の情報とつながると、そこに線が生まれる。こうして情報と情報がさまざまなところでつながっていく好例といえるのではないか。

もう一つは、たまたま出会った町民にインタビューした事例である。日付は特定できないが（おそらく二〇一一年三月二十一日から三十一日の間だと思われる）、高橋が町で取材をしていると、スリッパで町を歩いている人を見かけた。かなり寒い日だったこともあり、外出しているのになぜスリッパで歩いているのかと高橋が聞くと、その人は「スリッパのまま避難してきたので靴がないのだ」と打ち明けた。このインタビューをりんごラジオで放送したところ、平間副町長がこれを聞いていて、その情報から靴や長靴を支援物資のオーダーのなかに加えるようになった。これは平間副町長自身が筆者に話してくれたことである。[26] 支援物資といえばもっぱら洋服や食料ばかりを頼んでいたが、実際には靴がない人もいるということが、このラジオ放送ではじめてわかったのである。

被災者には自分から情報を発信する手段がなかったが、りんごラジオがその機会を作ったといえる。この事例でいえば、街頭インタビューで町民が「靴がない」と訴えたことで、ラジオを通じて情報が町役場に伝わり、支援物資として靴を送ってほしいと頼むことができたのである。

ネズミの事例もスリッパの事例も、最初は個人に関する情報で、それは点にすぎなかった。しかし、その情報をりんごラジオが取り上げると、同じように困っている人がほかにも大勢いることがわかったのである。これもまた情報が伝播することで、ほかの多くの情報とつながり、さらに多くの人の知恵が結集して、解決へと導かれていく好例だ。被災者の問題を解決するために、高橋は、町民自身が情報を発信する機会を作り、情報を「点」から「線」に変えようとしたのである。

情報組織論やネットワーク論が専門の金子郁容は、情報には「静的情報」と「動的情報」があると論じている。[27]「静的情報」はすでにどこかにあるものだが、これに対して「動的情報」とは相互作用のなかから生まれてくるものである。つまり、ある情報を進んで人に提示することで、それに対する意見を述べてもらい、それを新たな情報として受け止め、さらにこちらの意見を提示するという循環のなかで生まれてくる情報が、「動的情報」である。「そうしたやり取りが循環プロセスを生み出し、新たに情報が作り出されていく[28]」と金子は述べている。また、「情報というのは、提示されて生かされるのであって、提示されることで情報に意味がつけられ、価値が発見される[29]」とも述べている。

支援物資は服や食料であるという固定観念が、被災者が発したこうした情報によって覆され、いままで気がつかなかった新しい情報が生み出される。情報には「与えることで、与えられる」という特性がある。「町民の持っている情報が他の被災者にとって貴重な情報になる。たくさんの情報が集まり、その情報がさらに有益な情報へと発展していく可能性がある[30]」という高橋の考え方は、情報がもつこうした性質を理解したうえでのものといえるだろう。

出演者の分類

それでは、実際にりんごラジオはどのくらいの頻度でインタビューを放送したのだろうか。既述したように、全体の一万四千二百六十一タイトルのうち「インタビュー」は八百十七タイトル、率にして五・八%を占めている。調査期間百八十五日のうち八百十七回の放送があったということは、一日四・四回インタビューが放送されたことになる。つまり毎日約四回のインタビューが放送されていたわけだ。では、どんな人がどのくらいの頻度で出演していたのか。どんな人がインタビューされ、出演したのかを『放送記録』から抽出し、インタビューされた人（出演者）を十四のカテゴリーに分類し、その番組タイトル数と割合を計算してみた。

出演者では「町民」がいちばん多く二百四十五回、全体の三〇・〇%だった。毎日一回以上、町民が出演していたことになる。次に多かったのが「著名人」の百四十九回で、全体の一八・二%を占める。以下、小・中・高生が百二十六回（一五・四%）、ボランティアが九十三回（一一・四%）、自衛隊が四十二回（五・一%）、町長が三十四回（四・二%）、教育長が二十一回（二・六%）、学校関係者が二十回（二・四%）、副町長が十八回（二・二%）、行政関係者が十四回（一・六%）、医療関係者が十回（一・二%）、国会議員が八回（一・〇%）、町議会議員が四回（〇・四%）、その他は三十四回（四・二%）となっている。

次に、月別と第一期（開局から五月まで）と第二期（六月から九月まで）ごとの出演者の傾向をみてみたい。「町民」へのインタビューは、四月は十四回と少なかったものの、三月は四十四回、五月は二十七回、六月は六十一回、七月は四十七回、八月は二十八回、九月は二十四回と、ほぼまんべんなく一日に一回以上のペースで放送があった。すでに述べたように、町民が出演する機会が多いということは、それまで情報の受け手だった町民が、送り手の立場にもなれるということを意味している。それは、自分がもっている情報を発信することで、新たな情報を生み出していけるということを実感する機会が増えるということでもある。行政情報は一方通行の面があるが、町民による情報発信は、さらなる情報を生んでつながりを広げていく可能性が高い。その意味で、町民が発する情報は、役場が把握できない身近なことがらや避難所の状況などの情報が循環するという点で、発信効果は大きい。

それ以外では、「町長」「副町長」「教育長」の三役の出演回数を分析すると、三月は「町長」が三回、「副町長」が二回、「教育長」が三回で合わせて八回となっている。四月は「町長」が九回、「副町長」が八回、「教育長」が九回で合わせて二十六回、五月は「町長」が八回、「副町長」が五回、「教育長」が五回で合わせて十八回。六月は、「町長」が十回、「副町長」が三回、「教育長」が三回で合わせて十六回となっており、七月は「町長」が三回、「副町長」が〇回、「教育長」が一回で合わせて四回。八月は三役の出演はなく、九月は「町長」が一回、「副町長」が〇回、「教育長」が〇回で合わせて一回となった。四月の出演回数が、「町長」「副町長」「教育長」合わせて二十六回あるということは、ほぼ毎日誰かが出演したことになり、ほかの月でも二日に一回の割合で出演していたことになる。このように町の幹部がラジオ出演することについて、平間副町長は次のように話している。

紙ベースですと、どうしても行政用語が入ったり、ボリュームが決まっているので、簡潔に伝えたいことをまとめられますが、それを十分理解してもらえるかどうかはクエスチョンです。そういった意味ではりんごラジオの場合だとかみ砕いて放送ができます。（略）最初のころはりんごラジオが開局する前は、避難所に行って、肉声で語りかける努力もしたんですが、避難所もかなり多かったので、肉声でお伝えできる限界もあった。すべて回っても限界があり、不十分だった。また避難所におられない方もいる。知人や友人宅に身を寄せている人たちもいるので、そうした人たちには伝える手段がなかった。(31)

震災直後、山元町には広報誌しか存在していなかったので、町からの情報が全町民に行き渡らず、被災者となった町民は情報不足に陥り、そのために混乱や流言飛語が生じた。しかし、りんごラジオが開局してから町の情報はりんごラジオを通じて広く行き渡るようになり、その悩みは解決した。加えて、出演者と高橋が一問一答形式でやりとりをするなかで行政用語の解説もおこなわれるため、被災者にはわかりやすく、丁寧な情報提供がなされていたといえるだろう。

町長、私〔副町長：引用者注〕、教育長がほぼ毎日出演させてもらった。いま町がこんな取り組みをしているとか、あるいは町民へのメッセージとか、被災者にがんばってほしいとかをお伝えするように努力を続けた。そうした出演は一日一回ないし二回マイクの前でメッセージとして発信した。そういったことで町が取り組もうとしていることが上手に伝わり、（震災以来）初めて徐々に避難所で暮らしているなかで、少し安心していただいたように感じました。(32)

町役場から提供された情報はアナウンサーが読んで伝えるのが一般的だ。しかし町民が混乱しているときは、情報の中身もさることながら、町長や副町長、教育長が自らラジオに出演して町民に呼びかけることが、混乱を鎮める効果があったと、平間副町長は話している。

それでは実際に生出演した町長は、どのようなことを話したのだろうか。三月二十六日の『放送記録』ナンバー1に記載されているので紹介しよう。

・山元町↓仙台へ　直行バスが昨日から
・温泉地などへ　国が旅費、宿泊費を援助
・災害特別措置法ができる見込み↓実現に向けて取り組んでいく
・浜通りの瓦礫、車等の撤去↓所有者なしで撤去可能にする見込み
・福島原発問題、水は大丈夫か、水、牛乳↓知事から大丈夫

・町内で火事場泥棒　防犯パトロール
・震災便乗商法、悪徳商法↓うまい話にはのらないように
・ハローワーク　二十九日山元町に来て相談会
・一番心配なのは仮設住宅　三十一日までに仮申し込み、4／1〜説明会を開きたい
一次分は限りなく早く着工、二次分も急いでいる
・復旧が遅れている↓資材が入らないため
・救援物資　情報発信も　ばんかい
・足りないものは靴、洗濯機確保(33)

斎藤町長は、自らラジオに出演したことについて、次のように話している。

町がどういう状況におかれているのか、いまなにを考えているのか、なにをしようとしているのか、というのを一定程度直接町民の方々にお話しをすることで、安心感をお伝えできるのではないかと思います。(34)

自ら出演することは、情報伝達だけでなく安心感を与えると町長は話す。ここで事例としてあげた二〇一一年三月二十六日の内容からも、そうした趣旨がうかがえる。つまり、どの情報もアナウンサーが読めばすむことではあるが、町長が自ら話すことで、町民に安心感が生まれる。混乱した時期であれば、その効果はより大きいだろう。

次に、第一期と第二期の区分での出演回数を分析しよう。第二期で突出しているのは「町民」の出演回数である。第一期は八十五回だったが、第二期は百六十回とほぼ二倍になっている。りんごラジオでは五月から、町民へのインタビュー番組と、町民の震災体験を聞くコーナーという二つの枠を新たに設けた。町民へのインタビュ

ー番組は毎朝町民にインタビューし、現在の生活状況などを聞く『おはようさんコーナー』で、先に紹介した「スリッパを履いた町民」はこのコーナーで放送された。これまで不定期に放送してきたものをレギュラー化したもので、番組名をつけることで、リスナーにもインタビューを受けた人にも時間帯を明確にし、わかりやすくした。町民は、困っていることなどさまざまな悩みを抱えている可能性があり、そういう問題を掘り起こす意味でも、この番組は効果的だった。放送時間帯を明確にし、番組化することで、聞きやすい環境を整えたのである。もう一つが『語り継ぐ！私と東日本大震災』という震災で体験した話を披露してもらう番組である。レギュラー番組ではないが、震災直後の体験話を聞くことで体験の風化を防ぎ、震災時の体験を共有化する狙いがあった。また、悩みや苦しみを話すことで、孤独感を和らげるという効果も期待した番組である。

この『おはようさんコーナー』と『語り継ぐ！私と東日本大震災』が新しい枠として増えたことが、第二期の「町民」インタビュー回数が八十五回から百六十回とおよそ二倍になった理由である。こうした新しい枠を立ち上げた背景には、前述したように、行政情報などが徐々に少なくなっていったという事情がある。だがこれらは、一般町民からの情報を取り入れるための工夫として企画されたものである。行政情報が少なくなったから放送時間を縮小するといった措置をとるのではなく、むしろ少なくなったことを利用して、新番組を作った。一方通行だったトップダウンの情報の流れから、町民からの情報を増やし、情報の流れの向きを変え、送り手と受け手が固定されず双方向になるようにしたといえる。こうした流れをつくることで、町民にとってりんごラジオは身近な情報を放送してくれるラジオ局として実感できるようになり、情報が情報を呼ぶシステムが構築されていったのである。

「インタビュー」の内容

インタビューの内容を分析することは、以下のような点で重要である。ポイントは五つあるが、第一に、誰がいつどんなタイミングで何を話したのか、またその話した内容にどんな意味があるのかなどは、そのときどきの状況を把握するうえできわめて役に立つ。第二に、そうしたことを把握することで、りんごラジオがどんな情報を発信し、それによって町民がどのような反応を示し、その反応を見ながらどのように町民のニーズを捉え、そのニーズに沿うようにどう放送方針を組み立てていったのかを知る手がかりになる。そして第三には、これらのことから、本書の関心の一つである臨災局が長期運営するようになった理由の一端を探ることができる。四つ目としては、いつの時点でどんな内容が発信されたかを把握することは、今後の災害時の情報発信の継時的な研究の貴重な資料になる。最後の五つ目、どんな情報を町民に発信したのかについて詳しく分析することは、臨災局としてのりんごラジオの活動記録を残すうえでも重要だといえる。

そこで、インタビュー内容の情報を分類し、回数を月別と第一期（開局から五月まで）・第二期（六月から九月まで）別にまとめてみる。しかし、保存されているノートには、内容が書かれていないために、内容を推察したり特定したりする必要がある。手がかりの一つは、出演者の職務から推察するというやり方である。例えば、町長や副町長・教育長がラジオに出演すれば、詳細はわからないにしても、町の行政内容だろうと推察できる。また校長や教諭であれば、学校の状況であることが推察できる。二つ目は、コーナーからの推察である。りんごラジオでは五月中旬から情報を整理し、決められた時間に決まった情報を提供するという番組編成をとり始めた。すでに紹介したが、五月二十三日から始まった『語り継ぐ！私と東日本大震災』がその一例である。この番組は、幅広い層から地震や津波の体験を話してもらうという趣旨で始まった。このように番組の企図で内容はおおよそ推察することが可能である。三つ目は、開局から十八日目の四月七日から始めたブログが手がかりになる。ブログには番組内容が記載されていることがある。以上のような手がかりから推察した放送内容を分類し、ここでは月別と第一期・第二期別に分けて考察する。その際、内容を「生活情報」「イベント情報」「小中高ラジオ体験」「ボランティア情報」「町行政情報」「震災体験」「被災状況」「学校情報」「医療情報」「県行政情報」「支援情報」「その他」の十二のカテゴリーに分類した。

出演者からの推察、あるいは特定できる分類として、町民が出演したものを「生活情報」とし、以下、被災者慰問のため訪れた芸能人、プロスポーツ選手などが出演したものを「イベント情報」、りんごっこラジオ夏休み企画を「小中高ラジオ体験」、町内外からのボランティアが出演したものを「ボランティア情報」、町長や副町長・町議会議員が出演したものを「町行政情報」、番組『語り継ぐ！私と東日本大震災』を「震災体験」、消防団や自衛隊員が出演したものを「被災状況情報」、教育長や学校長、小・中・高生が出演したものを「学校情報」、医師や看護師、宮城県柔道整復師会が出演したものを「医療情報」、大臣や国会議員が出演したものを「国行政情報」、宮城県知事や伊達市長、名取市会議員、県教育委員が出演したものを「県行政情報」、仙台弁護士副会長や復興支援グロービス大学院副学長が出演したものを「支援情報」、カメラマン、インタビュー再放送、インタビューのまとめを「その他」とした。

このように分類した場合、最も多かったのが「生活情報」の百八十二回（二二・三％）だった。以下、「イベント情報」が百七十六回（二一・五％）、「小中高ラジオ体験」が九十八回（一二・〇％）、「ボランティア情報」が九十九回（一二・一％）、「町行政情報」が八十七回（一〇・六％）、「震災体験」が四十九回（六・〇％）、「被災状況情報」が四十四回（五・四％）、「学校情報」が三十回（三・七％）、「医療情報」が十回（一・三％）、「国行政情報」が九回（一・一％）、「県行政情報」が六回（〇・七％）、「支援情報」が三回（〇・四％）、「その他」が二十五回（二・八％）であった。

次に、第一期（開局から五月まで）と第二期（六月から九月まで）を比較して分析することで、放送が長期化するにつれ、インタビュー内容がどのように変化したのかを考察する。第一期では、「イベント情報」が百七回（二七・二％）と最も多かった。次いで「生活状況」が七十二回（一八・三％）、「町行政情報」が六十回（一五・三％）、「被災状況情報」が四十四回（一一・二％）、「ボランティア情報」が四十一回（一〇・四％）、「学校情報」が十九回（四・八％）、「国行政情報」が八回（一・八％）、「震災体験」と「医療情報」が七回ずつ（一・八％）で、「県行政情報」が五回（一・三％）、「支援情報」が三回（〇・八％）、「小中高ラジオ体験」が放送なしで〇回（〇・〇％）、「その他」が二十回（五・一％）となっている。

第二期に入ると、「生活状況」が最も多くなり百十回（二五・九％）という結果になった。次いで「小中高ラジオ体験」が九十八回（二三・一％）、「イベント情報」が六十九回（一六・三％）、「ボランティア情報」が五十八回（一三・七％）、「震災体験」が四十二回（九・九％）、「町行政情報」が二十七回（六・四％）、「学校情報」が十一回（二・六％）、「医療情報」が四回（〇・九％）、「国行政情報」と「県行政情報」がそれぞれ一回ずつ（〇・二％）で、「被災状況情報」と「支援情報」がいずれも〇回（〇・〇％）、「その他」が三回（〇・七％）となった。

第一期と第二期の上位三つのカテゴリーでみると、第一期が「イベント情報」「生活状況」「町行政情報」、第二期が「生活状況」「イベント情報」「小中高ラジオ体験」となっている。このうち、注目すべきは「町行政情報」で、第一期では六十回あったが、第二期では半分以下の二十七回しかなかった。特に七月が七回、八月と九月がそれぞれ二回と、三カ月間で十一回しかなく、夏休み期間ということも推察されるが、第一期に町長か副町長、教育長のいずれかが毎日のように出演していたのと比べると、一週間に一度程度の出演にまで減ったことになる。

以上のような分類とその結果から、どのようなことがわかるだろうか。

分析の一つ目は、情報の流れという側面からの考察である。前述したように、放送が三カ月を過ぎたころから行政情報が少なくなり、それが大きなウエイトを占めていた第一期に比べ、第二期は町民からの情報が多くなり、情報の流れが双方向に変化した。町民から情報収集することで、情報の流れが下から上へというボトムアップ型へと変化したのである。

二つ目は、内容面からの考察である。第二期は、震災から二カ月半あまりが経過し、従来の臨災局のあり方からすれば閉局になってもおかしくない時期である。そうした時期の町民の関心事は、おそらく現在の生活状況だろうし、町民へのインタビューの内容もそれが中心になっていると推測される。町政の側にとっても、それは町民の生活状況を知る手がかりになるし、町民の側ではほかの町民の被災生活の悩みや将来に対する不安を聞くことで、問題を共有し、町民同士のつながりを強めるきっかけにもなる。もちろん具体的な内容が明らかではないので、推測の域を出ないのだが、第二期に「生活状況」が最も多くなっているのは、臨災局の役割が、震災による被害の軽減という当初の目的から変化し始めていることを示しているのではないかと考えられる。

5　りんごラジオと報道特別番組

町議会生中継

りんごラジオの開局から九月まで、その半年間の放送内容を考察してきた結果、第一期は行政が情報源の中心で、情報の流れが一方通行だったのに対し、第二期は町民が情報源の中心になって、情報の流れが双方向に変化したことがわかった。

そこで、本節では、りんごラジオが二〇一一年十二月から放送を始めた町議会中継と町長選挙に関する番組について考察し、りんごラジオの運営方針について明らかにしていく。

二〇一一年十二月十二日、初めて町議会を生中継した日のりんごラジオのブログには、「災害局での町議会中継は大きな意味があると思っています」と書いてある。その大きな意味とは、どのようなものなのだろうか。

前述したように、第二期のりんごラジオでは、町民を単なる情報の受け手の立場から、情報発信者の立場に変え、ボトムアップ型の情報の流れを構築してきた。しかしこの町議会の中継にはそれとは違った意味合いがある。この町議会中継には、二つの意味があると考えられる。一つは、復興計画などが決められていく議論のプロセスを明らかにすることで、計画の透明性が高まり、町民がその議論に参加しているという意識をもてるようになると期待できることである。

もう一つは、そのことによって復興計画のプロセスを町民が批判することもできるようになるということである。議会がそのままラジオ中継されるということは、そのなかで出てくる町長や町役場執行部への批判もそのまま町民に知らされる、ということである。いわば都合が悪いことまでも、すべて包み隠さず明らかにされてしまうのだ。ほかの臨災局では、実際に自治体が自分たちに都合の悪い情報が放送されることに抗議してきたことで放送内容を変更させられた事例もある。市村元によれば、それは次のようなものだった。

臨災局といってもその活動姿勢は一様ではなく、自治体の担当者が運営スタッフの活動に過剰介入し、結果として十分な情報が流せなかったところもある。ある臨災局では、商店の開店情報を放送しようとした。震災直後の混乱期、どこで何を売っているかは、被災者にとって大いに価値ある情報である。しかし、自治体の担当者から「民間情報だから」と放送の中止を求められた。自治体担当者の意識は、臨災局は「役所の〝お知らせ〟を流すもの」という考え方で、みんなのための〝放送〟という意識が完全に欠如している。また同じ自治体で、避難所で取材し、被災住民のインタビューを放送した時に「何という放送を出すのか」と怒鳴り込んできた。この時は役場に対する意見が数多くあったからであった。担当者は、それが「けしからん」と言うのである。それ以来、取材した住民のインタビュー等は放送前にすべてチェックされることになった。結局、この局はおよそ二年で閉局となった。(35)

こうした事例はほかにもある。特に原発に関しては、自治体が誘致に深く関与しているので、福島第一原発事故の情報に神経を使っている臨災局のスタッフは多い。自治体が放送の管理運営権を有していることについて、平間副町長はこう話している。

行政伝達のみというラジオにしてしまえば、報道が偏ってしまいます。ある意味りんごラジオで、行政が聞きたくないような批判的な報道もあってしかるべきですし、すべてが行政主導であるとすると、町民もりんごラジオに耳を傾けなくなることにもなりかねない。行政の怠慢な部分なり、いかがなものかというものがあれば、遠慮なく放送してほしいと高橋さんにも話している。そういった報道があれば行政はそのことを真摯に受け止め、生かす必要があると思います。(36)

このように平間副町長は、批判も情報のうちという姿勢を明らかにしている。山元町議会の場合、その生中継は反対にあうことなく、二〇一一年十二月の定例会議から始まった。高橋は、町議会の生中継はりんごラジオの看板番組であると話していた。

いま、いちばんりんごラジオで聴取率が高いのは、町議会中継です。これは仮設住宅、町を走るバス・タクシーのドライバーの方、役場・公民館などでは全館ラジオがついていています。町長がなにを言うのか、課長がなにを言うのか（略）、支援者が聞いているとか、いい反応があって、いま、聴取率はいちばんです。(37)

町長選挙に伴う報道特別番組

りんごラジオは、町議会を中継することで町行政の透明性を高め、復旧・復興計画などの議論のプロセスを明らかにしたが、さらに二〇一四年の町長選挙の事前番組を放送し、復旧・復興を担う人物を決める選挙に町民が積極的に関わるような番組を制作した。

復旧・復興計画案をめぐっては、町長選挙の四カ月前にある騒動があった。二〇一三年十二月の町議会で、町の震災復興計画をめぐって町議会と斎藤町長が真っ向から対立したのである。町長が推し進めるコンパクトシティ構想は、人口減少と少子高齢化の時代を見据え、車を使わず歩いて暮らせるように商業施設や公共機関などを集約する都市計画だった。高齢者が通院や買い物をしやすくなるほか、自治体はインフラ整備のコストを節約できるという利点がある。しかし、その一方で、この計画案は一定の区域への移転を住民に強制するもので、一部の住民がこれに反発し、町議会に独自の移転を認めるよう請願書を提出したのである。町議会はその請願書を全会一致で採択し、町長にコンパクトシティ構想の見直しを迫った。これに対して、斎藤町長は、独自の移転は認められないとし、町議会が全会一致で採択した請願書を聞き入れなかった。そのため町議会は、町長の態度は議会軽視、住民無視もはなはだしいとして、法的強制力はないものの町長の政治責任を問う問責決議案を提出し、町議会はこれを全会一致で可決した。

こうしたことがあった後の二〇一四年四月、任期満了に伴う町長選挙が実施された。町長選挙には、現職の斎藤町長のほかに元職が名乗りを上げ、選挙戦は現職と元職の一騎打ちとなった。

町長選は四月十五日告示、二十日投開票だったが、このときりんごラジオは臨災局では初めての試みとして、告示前の事前番組と投開票当日夜の開票特別番組を企画した。放送にあたって、りんごラジオは町の選挙管理委員会に事前に相談したところ、臨災局がこうした町長選の報道をするのは初めてのことなので、県の選挙管理委員会に問い合わせることになった。その結果、公平・中立が条件だが、「臨災局といえども、選挙の事前報道は何ら問題はない」との見解が示された。こうして、事前番組は実現した。

臨災局というのは、総務省が東日本大震災の被災状況を伝えるために認可している。当初は被災情報がメインだった。ところが三年たつと復旧情報を通り越して復興情報になってくるんですね。その復興に向けた大きな舵を切る人を選ぶという町長選を伝えるというのは、臨災局の大きな役割だと思っています。(38)

高橋は、町長選挙の事前番組と開票特別番組を臨災局が放送することの意味を、このように語っている。運営の長期化に伴い、臨災局の役割が開局直後の被害の軽減から復興の手助けに移っていったことを、高橋自身がはっきりと認識していたことがうかがえる。同時に、この発言からは高橋が町長選挙に関して町民の世論喚起を促したという捉え方もできる。高橋は、町民の意見を取り上げて情報として発信することの重要性に言及することはあったが、町民世論の方向づけについて口にするのは、筆者がおこなったインタビューが初めてのことだった。

みよう。

選挙事前番組はどんな内容だったのか。りんごラジオから提供された資料とブログをもとに、ここでまとめて

番組は告示前の四月七日から十一日までの五回シリーズで放送された。時間は午前十一時から十二時までの一時間、放送形式は生放送。番組タイトルは『討論！　キラリ！　やまもと』である。それぞれのコーナーの出演者は、第一回目の七日が町内三地区のまちづくり協議会の会長、第二回の八日が沿岸地区の三人の区長、第三回の九日は町内の若者たちが出演した。第四回の十日は町内の子育て世代の女性たちで、そして最終回となる五回目の十一日が、立候補を予定していた現職の斎藤俊夫町長と元町長の森久一が生出演した。この討論番組の最後の回では、事前に取り決めた質問項目に沿って討論がおこなわれた。このシリーズのなかに若者と子育て世代の女性たちが出演していることは、注目に値する。各地区の町づくり協議会の会長や沿岸地区の区長らは行政に近い人たちである。しかし、若者と子育て世代の女性たちは、普段は行政との関わりが薄い人たちだ。彼らの行政に対する意見は普段はあまり表に出ないが、だからこそどんなふうに考えているのかを知ることに意味があるし、また、彼らに発言の機会を作ったこと自体が、この番組を制作した意図を表しているといえる。この町長選挙が町民の生活にとって非常に重要だというりんごラジオからのメッセージが、そこから読み取れるのである。

しかし、第一回から第四回までの番組の具体的内容は、ブログなどでも明らかにされていないために残念ながら詳細は不明だが、「十日までは日替わりで町内の若者、子育て世代の主婦らをスタジオに招き、座談会形式で町への要望を語ってもらう」(39)と新聞が報じていた。また内容についても、「八日は、震災で大きな被害が出た沿岸部の行政区長三人が出演した。町政に町民の意見を反映してほしいなどと語り、町の災害危険区域の見直しや震災後に人口が二割減った町への定住促進策などを求めた」(40)と報道した。このことから、震災後の復旧と復興に関する町への要望が議題の中心だったようだ。

第五回の立候補者二人が生出演した討論番組は、両者にりんごラジオから事前に質問項目が渡され、決めてある時間内にその一つひとつに回答するという形式で進められた。事前に通告された質問は表6の十問(41)である。

表6　町長選立候補者の討論番組での質問項目一覧

質問	内容	分数
1	立候補した理由は？	3分以内
2	現在の山元町をどう捉えているのか	2分以内
3	山元町の課題はなにか	2分以内
4	課題克服するためになにをすべきか	4分以内
5	これまでさまざまな町民からご意見を聞いてきたが、言葉のキーワードでお話をおかがいしたい。1つ目は、「交流」。町（行政）と町民との意識の差があるのではないかという指摘がありました。どのように感じておられますか。	4分以内
	2つ目は、「活性化について」	4分以内
6	何をもって復興と考えるのか	4分以内
7	当選された場合、4年後の山元町の姿は？	3分以内
8	お互い質問していただきます。2問2答です。	
	1、斎藤さんから森さんへの質問	
	いまは有事であり、緊急時であります。この事態をどう対処し、トップとしてのマネジメントに対するご見解をおうかがいしたい	1分以内
	1、森さんから斎藤さんへの質問	
	復興計画のなかで移転に無理があったのではないか。ご見解をおうかがいしたい	1分以内
	2、斎藤さんから森さんへの質問	
	私に対するネガティブキャンペーンのような選挙を展開しているのだが、7年前に不信任で落選したと思っているが？	1分以内
	2、森さんから斎藤さんへの質問	
	人口流出は大きな問題だが？	1分以内
9	現在の健康状態は	1分以内
10	町民への約束は？	3分以内

（出典：2014年4月11日の放送から筆者が作成）

各問についてそれぞれが決められた時間内に回答し、時間をオーバーするとマイクのスイッチを切るというルールのもと、番組は進行した。前半の五問と後半の五問で、回答者の順番を入れ替えることで公平性にも配慮していた。

このほかりんごラジオでは、四月十二日に開催されたあぶくま青年会議所主催による「山元町長選挙に伴う公開討論会――山元町の未来を考える」という討論会も録音して、翌日十三日に一時間十五分にわたってノーカットで放送している。

選挙では、予想どおりの激戦が繰り広げられた。現職町長の斎藤が敗れるようなことがあれば、それまで進めてきた復興計画が見直される可能性もある。それだけに結果が注目された。りんごラジオでは、投開票日の夜八時から町長選開票特別番組を放送した。結果を待つ両陣営の選挙事務所からのリポートと、開票所からの開票状況、および選挙管理委員会が定時に発表する中間得票数を伝えるとともに、選挙戦の内容分析やそれぞれの得票数をりんごラジオのスタジオで解説を交えながら進めていくという番組構成だった。

スタッフ用に高橋が書いたこの番組の企画書では、「震災後初となる今回の町長選挙は、今後四年間の復興等に向け非常に大事な選挙」であり、過去の町長選挙とは異なることを強調している。また、「この選挙を、どのメディアより〈早く・正しく・詳しく〉町民に伝えることは、災害ラジオ〈りんごラジオ〉が存在する大きな意味を持つ」[42]とも企画書には書いてある。この番組にかける意気込みが感じられると同時に、りんごラジオの存在意義を示すための番組という高橋の強い思いが伝わってくる。

午後八時からの開票番組は、震災直後避難所になっていた中央公民館二階の大ホール入り口で高橋が開票の始まりを告げる中継で始まった。両立候補者の事務所からは、開票後の状況や候補者の様子などを中継した。開票所は、開票が進むにつれて様子を見にくる町民や両候補者の関係者などで埋まっていった。事前予想では、どちらが勝ってもおかしくないと言われ、最後の最後までまったく結果がわからない緊迫した選挙戦になった。選挙の争点として復興計画の是非が問われているだけに、結果次第では計画の見直しか続行かという計画そのものの今後がかかっている。したがって、町民の関心は高かった。そして、開票が始まって三十分後の八時三十分に一回目の開票速報が発表され、選挙管理委員会が両候補ともに千五百票ずつという中間得票数を発表した。

この町長選挙の当日有権者数は、一万千百六十四人、投票率は七〇・四四％（二〇一〇年の投票率は六八・八％、二〇〇七年は七五・九五％だった）だった。開票結果は、現職の斎藤俊夫が三千九百八十三票、元職の森久一[43]が三千七百八十九票と、百九十四票差という僅差で現職の斎藤が再選を果たした（町選挙管理委員会開票結果発表、投票者数七千八百六十四票、有効投票者数七千七百七十二票、無効投票数九十票、不受理数二票）。りんごラジオでは、この

表7　山元町長選挙特別番組の進行表（提供：りんごラジオ）

進行表　　山元町長選挙特別番組（2014・4・20）

8時00分	完パケ		『りんごラジオ特別番組』
	番組名選挙カー		～キラリ！やまもと町長選挙～
	TM音楽		
	BG～UP～FO	厚	挨拶、開票開始、投票率、Qワード
	PC		有権者の声（厚、この間スタジオへ）
	ST	厚	森・選挙事務所呼ぶ（届け出順）
	中継	高橋真	事務所の様子、
	ST	厚	斎藤・選挙事務所呼ぶ
	中継	檀崎	事務所の様子、
	ST	厚	推計投票率、期日前投票結果など
8時30分	ST	厚	1回目開票速報 開票仕組み、今後予定
	CD		両候補の戦い振り返り（昨日の訴え）
	ST	厚	
9時00分	ST	厚	2回目開票速報 得票順読み上げ
	中継	高橋真	森・事務所の様子、責任者インタ
	ST	厚	選挙事務所呼ぶ
	中継	檀崎	斎藤・事務所の様子、責任者インタ
	ST	厚	
9時30分	ST	厚	3回目開票速報 得票順読み上げ
			＜中継機材移動？？？＞
10時00分	ST	厚	4回目開票速報 当選確実？
	中継	檀/高	当確者の事務所呼ぶ
	ST	厚	
	中継	檀/高	共同インタビュー 当選者喜びの声
	ST	厚	落選者事務所呼ぶ
	中継	檀/高	落選の弁？
10時30分	ST	厚	5回目開票速報 確定票、無効票、白票、得票率、投票率等まとめ ではこれで、 りんごラジオ特別番組 『キラリ！やまもと町長選挙』を終わります。

結果を即座に伝えるとともに、事務所からの生中継で、再選された斎藤の生の声を伝えた。

翌日二十一日のりんごラジオのブログには、この町長選挙の様子を次のように記載している。

二十日（日）、山元町長選挙が投開票され、現職の斎藤俊夫氏（六十五）が三千九百八十三票（得票率五〇・六四パーセント）で二期目の当選を果たしました。対立候補の元町長、森久一氏との票差は、百九十四票差の僅差でした。投票率は、七〇・四四パーセントで、前回おこなわれた平成二十二年の町長選挙の六八・八〇パーセントを一・六四ポイント上回りました。りんごラジオでは、特別番組で開票速報や両候補事務所からの中継などを交え、午後八時～午後十時三十分まで生放送でお伝えしました。五日間の選挙戦、のどかな光景の中の熱い戦いでした。(44)

選挙が終了し、結果が判明したことから、りんごラジオでは四月二十二日と二十三日の二日間、「新町長に望む」という企画コーナーを午前十一時の『りんごラジオスペシャル』のレギュラー番組のなかで放送した。二十二日には山元町三地区のまちづくり協議会会長、二十三日には町内四地区の区長がそれぞれ出演した。また翌週の二十七日には、午前十一時からの『りんごラジオスペシャル』に斎藤町長が生出演して二期目の抱負を語った。

町長選挙の翌日、一連の選挙番組について、高橋は次のように筆者に語った。

必要な情報は、町民のみなさんにお伝えしますし、そのために町がまだ説明なり、表面に出していないものも情報として引き出して町民のみなさんにお伝えしていく。あるいは、ときには最高のリーダーの人に、町議会なども含めて出てもらう。あるいは、いまの町政に不満な人たちにも出てもらう。いろんな形で反対も賛成も喜びも悲しみも怒りもすべての声イコール思いをラジオから発信する。(45)

開局以来、りんごラジオは、町民の意見、町長の意見、そのほかさまざまな意見をそのまま放送してきた。町議会の生中継や町長選挙番組を放送し、町民が情報に対して受け身にならずに、積極的に町政に参加するよう呼びかけた番組作りだといえるだろう。町議会の中継では、議論のプロセスの透明性を高めて、町民が自分の意見をもてるようにし、また町長選挙関連の番組では、普段はあまり行政などに参加することがない人たちに向けて復旧・復興計画の現状や、町政に対する意見を直接述べる機会を作った。こうした仕組みが実現できたのは、りんごラジオが長期にわたって放送を続けたことで、震災による被害の軽減を図るという目的だけではなく、復旧・復興を支えるという方向に役割が変容していったからである。つまり、町議会中継や町長選番組がそのための情報を町民に発信していたと理解できる。

6 スペース・メディアとしてのりんごラジオ

ここではりんごラジオの放送内容から離れて、りんごラジオの事務所兼スタジオが放送以外で町民とどんなつながりをもっていたのかについて考えてみたい。二〇一一年五月二十三日以降、インタビュー番組が増えたことで、そこにはさまざまな人が出入りするようになった。スタジオは、情報を放送する場所という本来の役割とは別に、情報のハブという側面をもつようになったともいえる。

津波で流された写真などを復元するボランティア団体「思い出サルベージ」の代表を務める溝口佑爾は京都府在住で、震災直後からボランティア活動のために、三カ月に一回のペースで山元町に滞在する。そこで利用するのが、「ラジオ局としてではないりんごラジオ」だ。溝口は、山元町を離れている間に起きた町や復興に関する問題などについて、りんごラジオのスタッフと雑談することで情報を収集しているのである。例えばインタビュー番組が終わった後、ゲストがすぐにりんごラジオを立ち去らずに、スタッフと談笑している姿を筆者も見かけたことがあるが、町長なども番組出演後にスタッフと雑談している。そうした談笑や雑談のなかに、さまざまな情報がまぎれている。そのなかにはオフレコ情報や町政の裏話などもあるかもしれないし、すべての話を聞けるわけではもちろんない。だが、こぼれ話程度には聞くチャンスがあると溝口はいう。またりんごラジオでは、毎日ウェブサイトに放送プログラムを記載しているので、その日誰がどの番組に出演するのか事前に把握することができる。そこで、溝口が会いたい人が、たまたまりんごラジオに出演していれば、番組終了後にスタジオに行けばその人に会えることもあるという。筆者の場合、町長に聞き取り取材をするため、役場の秘書を通じてアポイントを申し込んだが、時間がとれずに断られたことがあった。しかし、りんごラジオに出演するタイミングを狙って出向き、番組終了後に無理を承知で時間を作って聞き取り取材に応じてもらった経験がある。りんごラジオの事務所兼スタジオは鍵もなく、入るときにチェックもない。出入り自由なオープンスペースが確保されているのである。

そうした観点から、臨災局をコミュニティFMとの対比で地域メディアとして類型化してみるとどうなるだろうか。竹内郁郎は地域メディアを「地域」と「メディア」のそれぞれが含意する二つずつの類型の組み合わせによって、四つのタイプに整理している。①一定の地理的空間に生活する人々を対象としたコミュニケーション・メディア、②活動や志向の共通性・共同性を自覚する人々を対象としたコミュニケーション・メディア、③一定の地理的空間に生活する人々を対象としたスペース・メディア、④活動や志向の共通性・共同性を自覚する人々を対象としたスペース・メディアの四タイプである。(46)この分類は一九八九年に刊行された書籍で竹内が類型化したものだが、その分類のなかに浅岡隆裕は、九〇年代後半急速に発達したICT（情報通信技術。Information and Communication Technology）によって可能になったコミュニティツールとして、①のなかにコミュニティFM、フリーペーパー、地域ポータルサイト、携帯電話での情報サービス、②のなかにNPO・諸団体のウェブサイト、特定地域の電子会議室・ブログ・SNSを加えている。また金山智子は、コミュニティメディアの役割として、単なる情報を提供する場の創設者ではなく、地域社会の日常の動きや変化を多面的に捉えて、地域住民の連帯や社会化を促すようなコミュニケーション活動の場を支えるサポーターとして機能することが期待されるとしている。(47)つまり、コミュニティメディアは「場」の創設者であり、「場」の活動を支えるサポーターの機能が期待されるというのである。金山によれば、コミュニティメディアとしてのコミュニティFMは、地域類型では地理的範域を伴った社会的単位として分類され、メディアの類型としてはコミュニケーション・メディアに含まれる。

では、りんごラジオの事務所兼スタジオはどうだろうか。「思い出サルベージ」代表の溝口は、情報収集のためにりんごラジオを訪問すると述べている。前述のように、出演者が放送終了後もそこに残って雑談することや、事務所兼スタジオには鍵もなく誰でも出入りが自由なことなどから、自然と人が集い、情報交換がおこなわれる場、つまりオープンスペースになっていると考えることができる。このように、りんごラジオには、竹内が定義した③の類型、一定の地理的空間に生活する人々を対象としたスペース・メディアの機能が備わっているといえるだろう。りんごラジオには、コミュニティメディアとしての機能と同時に、公民館や図書館、公会堂、公園、広場と同じようなスペース・メディアとしての機能も備わっているのである。

まとめ

りんごラジオは当初から、聴取者である町民を情報に対し受け身の立場に置き続けるのではなく、むしろ当事者意識をもって積極的に情報を発信するよう促すことを放送方針にしていたように思われる。この点についていえば、放送が長期化したために復旧・復興に関わる報道姿勢に変化したのではなく、むしろ復旧・復興に進んで関わったために、りんごラジオは放送運営が長期化したというほうが正しいのではないかと、筆者は感じるのである。

注

（1）山元町ウェブサイト（http://www.town.yamamoto.miyagi.jp/soshiki/1/191.html）［二〇一八年六月二十六日アクセス］

（2）山元町災害対策本部発表、二〇一五年二月十七日現在

(3) 山元町誌編纂委員会編『山元町誌』第一巻、山元町役場企画広報課、一九七一年、四〇九ページ
(4) 高橋厚「小さな町のラジオ発——臨時災害放送局「りんごラジオ」」『中学校　国語2』所収、光村図書、二〇一三年、一五三ページ
(5) 前掲『山元町誌』第一巻、四一一ページ
(6) この『語り継ぐ!私と東日本大震災』は二〇一三年三月一日から十一日にかけて放送された。出演は、三月一日は平間英博副町長、阿部均町議会議長、二日は磯区長の星新一、菊池八朗町議会議員、三日は岩佐海苔屋の岩佐志津子、桔梗長兵衛商店の桔梗理恵、五日は中浜小学校の井上剛校長、六日は山元町消防団の伊藤由信団長、平間英博副町長、徳本寺の徳泉寺住職と早坂文明和尚、九日は、森憲一教育長、阿部均町議会議長、十日は平田外科病院の平田一夫院長、十一日は斎藤俊夫町長である。これはりんごラジオのブログで公開している番組プログラムに記されているが、同じ人が二回出演したのか、それとも再放送なのかはブログには記載がないのでわからない。
(7) りんごラジオ、二〇一三年三月三日放送『東日本大震災二周年企画「語り継ぐ!私と東日本大震災」④桔梗長兵衛商店　桔梗理恵さん』からの引用。りんごラジオでは放送音源を保存しているが、一切公開していない。筆者は調査のためにサイマルラジオによって当時の放送を録音して文字起こしして用いている。
(8) 船津衛『地域情報と地域メディア』恒星社厚生閣、一九九四年、一五六ページ
(9) 斎藤俊夫・山元町町長への筆者による聞き取り調査（日時：二〇一五年三月十一日午後四時三十分—、場所：山元町公民館）（聞き書きや発言などの文中の〔 〕は引用者の注記・補記。以下、すべて同じ）。
(10) 平間英博・山元町副町長への筆者による聞き取り調査（日時：二〇一三年三月一日午後一時—、場所：山元町役場副町長室）。
(11) 同聞き取り調査
(12) 前掲「小さな町のラジオ発」一六四—一六五ページ
(13) 同書一五六ページ
(14) 同書一五七ページ
(15) 同書一五七ページ

(16)同書一五八ページ
(17)二〇一七年七月二十二日に開かれた「ハナシマショ」で公開された、『あの日聞いたりんごラジオ』の開局当日の音声を筆者が録音して文字に起こした。ここでの引用については、山元町と高橋に許可を得た。
(18)前掲「小さな町のラジオ発」一六五ページ
(19)NHK東日本大震災・音声アーカイブス、高橋厚、取材日二〇一二年三月（http://www.nhk.or.jp/voice311/interview/index.html?itemid=22）
(20)高橋厚への筆者による聞き取り調査（a）（日時：二〇一三年三月一日午後二時―、場所：りんごラジオ）。
(21)岩佐孝子町議会議員への筆者による聞き取り調査（日時：二〇一三年五月十二日午前十時―十二時、場所：山元町の岩佐宅）。
(22)重松清『希望の地図――3・11から始まる物語』幻冬舎、二〇一二年、四四ページ
(23)高橋厚は、二〇一四年十二月十七日に脳梗塞のため自宅で倒れ、手術を受けた。およそ半年後の五月一日に退院し、リハビリをおこなった後、七月二十四日に復帰した（「河北新報」二〇一四年十二月二十九日付）。まだ言葉に少し障害が残っているが（二〇一六年一月二十六日現在）、徐々に回復してきている。妻の真理子は厚の代役として局長代理を務めている。
(24)山元町の地区名。
(25)二〇一三年一月二十四日午前六時十分配信（「河北オンラインニュース」［https://www.kahoku.co.jp］）
(26)前掲、平間英博・山元町副町長への筆者による聞き取り調査。
(27)金子郁容『ボランティア――もうひとつの情報社会』（岩波新書）、岩波書店、一九九二年、一二一―一二三ページ
(28)同書一二二ページ
(29)同書一二三ページ
(30)前掲、高橋厚への筆者による聞き取り調査（a）
(31)前掲、平間英博・山元町副町長聞き取り調査
(32)同聞き取り調査

(33) りんごラジオ『放送記録』二〇一一年
(34) 前掲、斎藤俊夫・山元町町長への筆者による聞き取り調査
(35) 市村元「被災地メディアとしての臨時災害放送局――30局の展開と今後の課題」、吉岡至編著『地域社会と情報環境の変容――地域における主体形成と活性化の視点から』（関西大学経済・政治研究所研究双書）所収、関西大学出版部、二〇一四年、一九五―一九六ページ
(36) 前掲、平間英博・山元町副町長への筆者による聞き取り調査
(37) 前掲、高橋厚への筆者による聞き取り調査（a）
(38) 高橋厚への筆者による聞き取り調査（b）（日時：二〇一四年四月二十日午後九時―午後九時三十分、場所：りんごラジオ）。
(39)「河北新報」二〇一四年四月九日付
(40) 同紙
(41) 二〇一四年四月十一日『討論！　きらり！　やまもと』から採録。
(42) りんごラジオ（a）『りんごラジオ特別番組『きらり！　やまもと・町長選挙』』二〇一四年
(43) 森久一氏は町職員出身で一九九五年から二〇〇七年まで三期十二年町長を務めた。しかし四期目を狙った〇七年二月の町長選挙で落選した。
(44)「りんごラジオ」二〇一四年四月二十一日付（http://ringo-radio.cocolog-nifty.com/blog/2014/04/post-1b63.html）［二〇一八年六月二十六日アクセス］
(45) 高橋厚への筆者による聞き取り調査（c）（日時：二〇一四年四月二十一日午前九時三十分―午前十時、場所：りんごラジオ）。
(46) 竹内郁郎『マス・コミュニケーションの社会理論』（現代社会学叢書）、東京大学出版会、一九九〇年、七ページ
(47) 金山智子「コミュニティとコミュニティ・メディア」、金山智子編著『コミュニティ・メディア――コミュニティＦＭが地域をつなぐ』所収、慶應義塾大学出版会、二〇〇七年、二五ページ

コラム2　放送運営は過去の反省を投影したもの

りんごラジオを運営する高橋厚に初めて出会ったのは二〇一一年の秋だった。場所は東海大学湘南キャンパスで、日本マス・コミュニケーション学会のワークショップ「再認識されたラジオの役割――臨時災害放送局「りんごラジオ」の経験から」の席上で、高橋はそのワークショップの問題提起者だった。いかにもアナウンサーらしい低く落ち着いた声の持ち主で、りんごラジオがいま経験していること、それまで経験してきたことなどを臨災局という新しいメディアの役割という観点を交えながら語り、マスメディアの取材体制、偏向報道被害などについて問題を提起していた。当時、筆者は新潟の地元民放テレビ局を二カ月前に退職し、災害関連のメディアをテーマにした研究を執筆しようと決めながらも、具体的に何をどのように調べて分析すべきか、何も道筋がない状態だった。だが、このとき高橋に出会ったことがきっかけで、東日本大震災に関する災害とメディアの関係という研究テーマが見えてきた。

そして初めて山元町のりんごラジオ局を訪問したのは、およそ一年後の二〇一二年十一月だった。会ってさまざまな話を聞くことも訪問の目的の一つだったが、もう一つの目的は手書き保存しているという「放送項目」の閲覧だった。どんな内容を放送しているのかを知りたくて山元町のりんごラジオ局に向かったのである。放送項目を保存したノートを一時的に借りてコピーを取るつもりだったが、その許可はもらえなかった。紛失されると困るというのがその理由だった。しかし「撮影はＯＫ」ということで、そのときに持っていた一眼レフカメラでノートを一ページずつ撮影することにした。とりあえず開局から半年間分、つまり三月二十一日からの日数にして百八十五日分を写真に撮らせてもらうことにした。だが、一日の放送項目が一ページでは書き切れず二、三ページにも及ぶものがある。特に三月中は項目数が多く、毎日二、三ページ、ときには四ページのものもあった。

そのため、百八十五日間のノートの枚数は七百十五ページにもなり、思った以上に大変な作業となった。ボールペンではなくほとんどが鉛筆書きで、よく観察してみると、字の筆圧が強ければ緊張状態が、そうでなければ落ち着いた心境で書いたことが、みてとれるようだった。なかにはインタビュー内容まで記してある日のものもあったが、「インタビューの時は会話内容を書かないでください」という注意書きの付箋が添えてあった。時間の問題なのか、ノートは関係者には誰にでも見せるため、インタビュー内容を外部に漏らさないためなのか、理由は定かではない。保存にあたってきちんとしたルールはなく、そのときの担当者に任されていたことがうかがえる。

またコーナーとコーナーの間には音楽を流しているが、三月二十五日には、「流している音楽が、暗い」という苦情がきたというメモ書きが余白にあった。翌日には、「もっと明るい曲を流して欲しい」という要望があったとある。音楽に関しては、スタッフに聞き取り調査をしたことがある。そのときに「選曲は難しかった、明るい曲とはどんな曲なのか、暗い曲というのはどんな曲なのか、主観的なので、苦労した」という話を聞いた。また歌詞のなかに震災に関係があるような詩があれば、それもクレームの対象になる。悪気なく「TSUNAMI」（サザンオールスターズ）をかけて慌てて違う曲をかけ直したこともあるという。ノートの余白には「録音→テープが途中で切れる!!」というハプニングも記してある。ラジオの音声を聞き返すことはできないが、書いてある項目や余白にメモとして残っている内容などから、当時の放送の裏側やその場の臨場感を思い描くことができる。

ところで、こうした放送項目を調べていくうちに、一つの素朴な疑問が浮かんだ。それは、なぜこうした放送運営をすることができたのか、ということである。開局初日から、りんごラジオでは町長の生出演、町民への街頭インタビュー、震災の体験話集などさまざまな観点からの情報が放送のなかにちりばめられている。高橋の長年の放送経験のたまものなのかもしれないが、緊急時であり、準備期間が十分にあったわけでもなく、相談相手も開局時に技術協力したＦＭながおかの脇屋雄介しかいなかった。脇屋は二〇〇四年の中越地震のときに震災報道を経験しているが、しかし脇屋から一つひとつアドバイスを受けるほど時間的余裕があったとも思えない。おそらく高橋一人の判断で放送したのだろうと思われる。

第2章でもふれたが、高橋は、もともとアナウンサーをめざしたわけではなかった。大学三年生のときに人とうまく話すことができないことを克服するために、アナウンス学校に通い、それがきっかけになってアナウンサーになったという。重みがある低音の、いかにもアナウンサーらしい声は生まれつきだそうだが、一時は「アッチャマン」という愛称で人気のラジオＤＪだったというのも、いまでは想像がつかない。一九七八年六月十二日の宮城県沖地震も、東北放送時代に経験している。そうした経験知が、こうした緊急時での放送マニュアルとして頭のなかにあったから、すぐに放送ができたのかもしれない。

もう一つ感じたことは、高橋がりんごラジオを立ち上げたのは、自分の過去の反省からではないか、ということだ。ここでいう反省とは、個人としてということだけでなく、マスメディアとしてできなかったことに対して、である。阪神・淡路大震災ではマスメディアの報道が批判されたが、そうした反省がりんごラジオの放送運営の源になっているのではないだろうか。筆者もマスメディアにいた人間の一人として、ふとそう思った。

第3章　みなみそうまさいがいエフエム「南相馬ひばりＦＭ」

はじめに

本章では、福島県南相馬市に設置された南相馬臨時災害放送局「南相馬ひばりＦＭ」（ひばりエフエム）を取り上げる。南相馬市は、地震と津波に加え、原発事故が引き起こした放射能汚染によって、住める地域と住めない地域に分断された。ひばりエフエムの事例で注目したいポイントは、①スタッフ全員がラジオでの仕事が未経験であること、[1]②スタッフのほとんどがラジオ運営をするために集まったのではなく、南相馬市を再生するために集まったスタッフであること、③放射線量によって地域が分断された南相馬市を再生するために、ひばりエフエムがどのような放送運営をおこなっているのか、の三点である。そうしたポイントもさることながら、ひばりエフエムを調査対象として選んだのは、設置された時期も含めて、ひばりエフエムは被害の軽減が主目的ではなく南相馬市の復旧・復興のために設置されたのではないかと思われたからである。その点を明らかにすることで、臨災局の長期運営の問題を考えてみたい。

まず、東日本大震災によって南相馬市がどういった状況になったかを概説し、ひばりエフエムが開局した経緯、その設備と運営の実態などについて紹介したうえで、開局当初から数多く放送している自主制作番組を取り上げる。そして、それを手がけるようになった経緯と意図について明らかにしていきたい。

調査は三つの方法でおこなった。一つはフィールドワーク調査で、ひばりエフエムのチーフディレクターの今野聡をはじめ、スタッフと関係者に聞き取り調査をおこなった。また番組収録にも立ち会い、番組の出演者にも同様に聞き取り調査をおこなった。二つ目は、ウェブサイト、SNS、インターネットラジオによる調査である。ひばりエフエムでは番組内容をウェブサイト上で公開しているほか、「Facebook」や「Twitter」といったSNSを通じて情報発信もおこなっている。そこで、そうした放送以外の情報発信サイトについても調査した。また、放送自体はインターネットのサイマルラジオやリッスンラジオで市外にいても聞くことができるため、番組を録音して文字起こしをおこない、内容を分析した。三つ目は、チーフディレクターである今野聡の講演会やシンポジウム、研究会での発言についての調査である。筆者がそうした講演会やシンポジウム、学会に同席した場合には、許可を得たうえで録音して文字起こしをし、それを調査資料とした。

1　南相馬市の概要

東日本大震災以前の南相馬市

南相馬市は福島県の北部に位置する。福島県には会津、中通り、浜通りの三つの地域があるが、南相馬市は太平洋に面した浜通り地域に属している。二〇〇五年一月一日にいわゆる平成の大合併がおこなわれ、原町市・鹿島町・小高町の三市町が合併して南相馬市は誕生した。合併協議は、相馬市・原町市・新地町・鹿島町・小高町・飯舘村の六市町村から始まり、話し合いを重ねたが、結果的に一市二町が合併した。合併後は地域自治区制が採用され、原町区、鹿島区、小高区として、それぞれの地区に区役所が設置された。面積は三百九十八・五平方キロメートル、東京からは二百九十二キロの距離に位置している。気候は、年間平均気温が一三・四度で、海洋性気候で冬季も比較的温暖である。

二〇一〇年の福島県調査によると人口は七万八百八十九人で、福島県内で六番目に人口が多い市だった。震災後の二〇一一年には六万六千五百四十二人に減少し、さらに一四年には六万三千六百五十三人にまで落ち込んでいる。

東日本大震災以後の南相馬市

前述したとおり、南相馬市は地震と津波に加え、原発事故で複合的な災害に見舞われた。原発事故の影響で市外に避難していた人は四月から徐々に戻り始めたが、自宅に戻ることができない地域の人たちは全国各地に避難先を求めた。

福島第一原発一号機の最初の水素爆発があったのは三月十二日午後三時三十六分だが、その影響で午後五時三十九分に福島第二原発から十キロ圏内に避難指示が発令され、午後六時二十五分には二十キロ圏内にも避難指示が出された。このため小高区全域と原町区の一部の地域住民が避難を余儀なくされた。

このように、同じ南相馬市内に住む市民であっても、二十キロ圏の内か外かによって避難しなければならない住民と、避難しなくてもいい住民とに分断されるという事態となった。その後、避難指示の内容は段階的に変更され、二〇一一年四月二十二日に、福島第一原発から半径二十キロ圏内の小高区全域と原町区の一部が警戒区域となり、立ち入りを制限するためにバリケードなどの障害物が設置された。同時に半径三十キロ圏内には緊急時避難準備区域、計画的避難区域が設定され、それ以外は避難指示なしという三つの区域設定があらたにおこなわれた。さらに一二年四月一日には、警戒区域と避難指示区域の見直しがおこなわれ、避難指示解除準備区域、居住制限区域、帰還困難区域と、区域が三つに分けられた。一六年六月十六日現在で南相馬市が把握している総計九千六百六十六人の市民の避難先の都道府県は、北海道が六十七人、青森県が十六人、岩手県が四十二人、宮城県が千四百十七人、秋田県が四十七人、山形県が五百四十五人、福島県が三千九百九十人、茨城県が五百二十人、栃木県が三百六十八人、群馬県が百三十七人、埼玉県が四百七十二人、千葉県が二百九十人、東京都が五百四十一人、神奈川県が三百二人、新潟県が五百二十九人、富山県が三人、石川県が二十九人、福井県が十二人、山梨県が五十七人、長野県が六十四人、岐阜県が十人、静岡県が三十七人、愛知県が二十一人、三重県が四人、滋賀県が九人、京都府が十六人、大阪府が二十四人、兵庫県が二十三人、奈良県が一人、島根県が一人、岡山県が八人、広島県が六人、山口県が二人、香川県が三人、愛媛県が三人、福岡県が八人、佐賀県が三人、長崎県が八人、大分県が五人、宮崎県が四人、沖縄県が十二人、また海外へ避難した人は十人となっている。福島県内が最も多く、次いで宮城県、新潟県と隣県を合わせると六千人近くなり、全体の六一・四%と半数を上回っている。

帰還困難地域に指定され避難を余儀なくされている小高区の全住民に、市は二〇一四年八月、帰還意向調査を実施した。小高区に限らず南相馬市内に戻ると回答した人は千六百八十人で、全体の二〇・二%となり、戻らないと回答した人の二千百九十一人（二六・四%）を下回る結果となった。戻ると回答した千六百八十人のうち、小高区へ戻ると回答したのが千百四十一人なので、帰還希望者の半数以上（六七・九%）が小高区に戻りたいと考えていることがわかる。また、その人たちに戻るための条件を聞いたところ、「日常の生活に必要な環境が十分整ったら」が八百六十六人で三四・一%、「自宅の修復や清掃が終わったら」が七百二十五人で二八・五%となっている。また「空間線量が下がったら」が六百八人で二三・九%、「原発が安全な状態になったら」と答えたのが五八五人で二三・〇%、「友人・知人が戻ってくるなら」が三百四十八人で一三・七%、そして「働く場所が確保できたら」が二百九人で八・二%となっていて、「空間線量が下がる」ことよりも、「日常生活の環境」や「自宅の修復や清掃」を条件としている人が多かった。

また、戻らないと回答した人はその理由を、「放射能汚染が不安」（四百五十人＝一七・七%）、「商業施設等が元に戻りそうにない」（三百六十二人＝一四・二%）、「廃炉の見通しが立っていない」（三百五十二人＝一三・九%）、「避難先の生活が落ち着いてきた」（三百四十九人＝一三・七%）、「家族や友人、知人が戻らない」（三百十五人＝一二・四%）、「戻っても仕事がない」（三百人＝一一・八%）、「自宅が損壊・流出」（二百七十六人＝一〇・九%）、「今の環境で子供の教育をしたい」（二百八人＝八・二%）としている。前述した戻るための条件に関しては日常生活の環境などがあげられていたが、戻らない理由としては原発事故が影響していることがわかる。このほか、「避難先での生活が落ち着いてきた」（一三・七％）など、避難が長期化したことで、すでに戻らない理由として移住を決めた人がいるのがわかる。なお、戻るか戻らないかわからないと回答したのは、二千三百九十五人（二八・八％）だった。

その後、放射性物質の除染作業が進んだため、小高区と原町区の一部に出されていた居住制限区域と避難指示解除準備区域の指定は二〇一六年七月十二日に解除された。震災前の一一年三月十一日には、小高区の人口は一万二千八百四十二人、鹿島区は一万千六百三人、原町区は四万七千百十六人と、合計七万千五百六十一人だった。だが、一七年七月三十一日現在の居住人口は、小高区が二千八十七人、鹿島区は一万千九十三人、原町区は四万千五十七人、合計で五万四千二百三十七人と、震災前の七五・八％である。

2　ひばりエフエム開局までの経緯

震災直後の南相馬市

二〇一一年三月十一日午後二時四十六分、南相馬市内の小高区、鹿島区、原町区高見町で震度六弱、原町区本町、原町三島町で震度五強の揺れが観測された。南相馬市の沿岸に津波が到達したのは、午後三時三十五分ごろと推定されている。南相馬市には津波を観測する地点がないため、正確な値はわからないが、最も近い相馬市の観測地点での最大波が午後三時五十一分の九・三メートル以上だったと、気象庁からは発表されている。津波による被害面積は、小高区で十・五平方キロメートル、鹿島区で十五・八平方キロメートル、原町区で十四・五平方キロメートル、全体では四十・八平方キロメートルとなり、市全域のおよそ一〇％だった。

津波は、第一波だけにとどまらず、第二波、第三波と押し寄せてきたうえに、地震による地盤沈下で道路と橋脚に著しい落差被害が生じた。このことから、思うように逃げ道が確保できずに津波にのみこまれた市民も多く、災害直接死は六百三十六人、また避難所で体調を崩して亡くなった人や自ら命を絶った人などの災害関連死[2]は四百五十八人にのぼり、直接死と合わせて二〇一四年六月十八日現在で千九十四人が亡くなっている。

震災直後の様子を後世に残すために南相馬市では、二〇一三年三月に『東日本大震災南相馬市災害記録誌』をまとめた。内容は、①震災直後に桜井勝延市長が「YouTube」を使って情報発信した内容を書き起こしたもの、②災害対策本部会議議事録、市役所職員からのヒアリング調査結果をもとに時系列にまとめたもの、③新聞紙面から引用した、地震や福島第一原発事故に伴う政府や関係機関などの情報を時系列にまとめたもの、の三点である。この『東日本大震災南相馬市災害記録誌』から、ここでは震災直後の市内の様子を概観してみよう。

震災直後は、携帯電話や固定電話がつながりにくくなり、インターネットや庁内ネットワークの使用も限られていたのに加え、福島第一原発の水素爆発による混乱で市民の安否・所在確認は困難をきわめた。避難所は三月十二日の朝には市内四十六カ所に開設され、さらに十二日午後の一号機の水素爆発による影響で、小高区市民が原町区の避難所に移動し、また屋内退避指示によって密閉性が高い建物に再避難するといったあわただしい動きとなった。さらに十四日午前十時二分ごろ、茨城県沖を震源とする最大震度五弱の余震が発生した。南相馬市は震度二だったが、この地震で津波警報が発令されたことから、翌十五日朝には市内の避難者数が八千人を超える事態になった。また、震災直後は、南相馬市と災害時協定を締結している業者から食料品などが入ってきたが、原発事故で屋内退避指示が出された十五日以後は、市内に支援物資を届けることを業者が拒んで支援物資が調達できないという状況になったため、福島第一原発から三十キロ圏外の川俣町まで受け取りに行かなければならなくなった。

そうした事態に加え、市内の業者が原発事故のため避難することになり、物資の調達がいっそう困難な状況となった。こうした状況から市は、屋内退避指示区域の市民を対象に市外への集団避難を決めた。一方で、「いったんは市外へ避難したものの避難の疲れ等から戻ってくる市民も増え始めた[3]」。そうした人たちのために、三月末にはコンビニやスーパーなど一部の小売店が再開した。しかし、それでも物資の不足は否めなかった。ガソリンは給油券を必要とし、限られた数量しか給油できない状況だった。四月になると、時間は制限されてはいたもののの病院の診療再開、銀行・郵便局（受付だけ）の業務再開など、徐々に生活環境が整い始めるようになる。

のちにひばりエフエムのチーフディレクターになる今野聡は、両親とともに新潟県や東京都の親戚宅に避難していたが、四月八日に南相馬市に戻ってきた。しかし、新聞もまだ配達されない状態で、配達が再開したのは四月中旬くらいだった。こうして新聞もなく物資も品薄、情報網もないなかで、今野は市の広報で、南相馬市の災害FMが開局していることを知った。実際にラジオを聞いてみると、生活に必要な情報や手続きの案内、避難所でのイベントや励ましのコンサートの開催告知などがあり、毎日朝、昼、晩と一時間ずつ生放送していた。(4)

開局

ひばりエフエムは、二〇一一年四月十五日に開局した（二〇一八年三月二十五日に閉局）。原発事故の影響で避難していた人が徐々に戻りつつあるころだった。南相馬市は、戻ってきた市民のために、行政情報を知らせるために臨災局の設置を決めたのである。同市では〇〇年ごろに二カ月間だけ実験FM放送事業を手がけたことがあり、そのときと同じ原町区の栄町商店街振興組合が今回も委託を受けた。(5)開局時のパーソナリティーも同様に、南相馬市歌謡教室を経営している地元歌手の沢田貞夫と吉野よう子の夫妻が担当した。(6)放送は午前九時、午後一時、午後五時の一日三回、各一時間で、五月十二日から一人を常駐させて運営支援に入った。日本国際ボランティアセンターによる『南相馬日記』がこのときの様子を書き記しているが、パーソナリティーを務めた沢田と吉野について次のように述べている。「ミキサーやCDプレーヤーを操作しながら、市の広報誌などをマイクの前で読み、「分かりやすく」というよりも「間違いなく」を重視する書類を、リスナーが聞いていただけるように伝えるのは、大変な仕事です」。(7)「書類」とは、おそらく「原稿」か「資料」だろう。放送した内容は、五月十五日の「南相馬のFM放送メニュー」によれば次のようなものだった（日記の原文のまま。ただし〔　〕内は筆者の補足)[8]。

1、市内の二十六カ所の環境放射線量のモニタリング調査結果
2、商工会議所からのお知らせ
3、福島県弁護士会の法律相談開設
4、避難地域への一時立ち入りの申請の仕方
5、生活小口資金の貸付法
6、罹災証明書の発行方法
7、市民会館のチケット払い戻し
8、津波流出の返還のための公開
9、ごみの搬入法
10、災害ボラセン〔ボランティアセンター〕からの募集
11、義援金の申し込み法
12、自主避難者の市への安否確認の要請

十二項目の放送タイトルがあるが、放送の具体的な内容や時間帯は記載していない。生放送を一日三回おこなっていたので、こうした内容が繰り返し放送されていたと思われる。前述の日本国際ボランティアセンター『南相馬日記』には、放送タイトルのなかで最も市民の関心が高かったのは、1の「モニタリング調査」だと記してある。南相馬市内のモニタリング調査は、当時は南相馬市立総合病院の一カ所だけでしかおこなわれておらず、地域ごとの詳細な結果はまだ公表されていなかった。その後の市内の詳細な放射線量のデータは、ひばりエフエムの『環境放射線モニタリング』という番組で放送され、いまも資料として残っている。

なお「南相馬臨時災害放送局」が「ひばりエフエム」と命名されたのは、二〇一二年六月のことだった。市民からの公募で決定されたのだが、最も多かったのが「ひばり」だった。「舞い上がって、高くさえずる」そのイメージから採用された。また「ひばり」は市の鳥でもあり、毎年野馬追のイベントがおこなわれる雲雀ヶ原にもちなんでいたことから命名されている。

3　ひばりエフエムの日常

市役所の会議室が仮設スタジオ

ひばりエフエムの事務所兼スタジオは、南相馬市役所西庁舎の三階にあった（写真7を参照）。もとは市役所の会議室兼資料室だったと思われる場所である。西庁舎の階段を上ると職員ロッカーの間に入り口があるが、廊下にかかっているアクリルの看板には「会議室」と表示されたままだった。ドアに貼ってあるひばりエフエムのステッカーや番組表などがなければ、そこが事務所兼スタジオだとは気がつかないかもしれない。

その事務所兼スタジオはおよそ約三十三平方メートル程度の広さで、入って左奥に放送機材が並んでいて、その前にパーソナリティー二人が対面できるように机が配置されている。パーソナリティー席の周りを囲むようなブースはなく、その脇にはファクスや電話が置いてあり、新聞や資料を広げてスタッフがさまざまな調べものをおこなったり、その横では番組用の原稿を書いたりしていた。市役所内なので、見知らぬ人が入ってくることはないが、本番中はスタッフ同士の打ち合わせやパソコンのキーボードを打つ音をマイクが拾っていた。また、壁の作り付けの棚にはDVDや放送済みの資料、今後の予定などが隙間なく収納されていて、棚に入りきらないものは背丈よりも高く積み上げられて壁が見えないほどである。上から覆いかぶさってくるような圧迫感を感じる。棚そのものは地震対策がなされているが、DVDや資料などはぎっしりと詰め込まれているので、いまにも飛び出してきそうな状態だ。また、窓には緊急の場合を想定して、パーソナリティーが読みやすいように地震速報用のコメントを大きな模造紙に書いて貼ってあった。

チーフディレクターである今野が「こんなに長く〔放送が〕続くとは思わなかった。情報がFM以外〔ひばりエフエム〕から取れるようになったら必要なくなると思っていた[9]」と話すように、ひばりエフエムの事務所兼スタジオは常設の場所ではなく、一時的な仮住まいという印象を感じさせる。一般的に臨災局の事務所兼スタジオの場所は、災害時に緊急情報がすぐに入手できるように、役場内の災害対策本部のそばに設置されることが多い。南相馬市の災害対策本部は、この事務所兼スタジオのすぐ下の二階にあったことから、ひばりエフエムもここに設けたのだろう。

写真7　左側ドアがひばりエフエムの入り口

一日三回の生放送

ここで、チーフディレクター今野聡の経歴にふれておく。今野がひばりエフエムに入るきっかけになったのは、市役所の臨時職員募集の告知だった。震災直後から今野は、南相馬市が今後どうなっていくのかといった復興に対する関心をもっていた。市が主催する放射能関連の説明会などにも自ら足を運んでいた。そんなときに、偶然ひばりエフエムの臨時採用のことを知り、職を探していた今野は「市に必要なものに関わることができることであれば、やってみたいと思った[10]」と話している。このような経緯があって応募したのだった。

今野は、一九七〇年に南相馬市鹿島区に生まれ、市内の高校を卒業後に東京の大学に進学し、卒業後は都内の土木コンサルタント会社でアルバイトをしていた。仕事は事務だったが、手先が器用だったことから、会社から建築模型の製作をするよう勧められた。その後、家庭の事情から南相馬市にUターンすることになるが、建築模型製作は勤務していた会社から最初のうちは発注があり、その業務を続けていた。しかし景気の悪化とともに発注が滞るようになり、ついにはこなくなってしまう。そこで、実家が兼業農家で土地も所有していたこともあり、農業の後継者育成事業の研修生に応募して自分で農業をやろうと考えた。研修が終わり、ようやく自分で農業に従事しようとした矢先に、あの震災が起きた。避難して三週間後に南相馬市の自宅に戻ってきたとき、農業は放射線量の影響で十年から二十年はできない、ひょっとするとずっとできないかもしれない、と思った、と今野は話している。そのときに出合ったのが、ひばりエフエムのスタッフ公募だったのである。「臨時で七月から雇うという募集が出ていたので、お金をもらって、いまの市に必要なものにかかわることができるならば、やってみたいと思って応募した」[11]。今野はラジオという仕事に魅力を感じたのではなく、「市のためになにかやりたい」というのが応募の動機だったと当時を振り返っている。面接したその場で採用が決まり、取材要員として働き始めた。ひばりエフエムのスタッフは、今野をはじめ十人ほど集まったが、震災前に勤めていた会社が再開したなどの理由から、その後四、五人ぐらいがやめていったという。

　ひばりエフエムの通常の放送スケジュールは、生放送の番組が一日三回あり、時間帯は午前九時、お昼の十二時、そして午後五時である。放送内容は市役所からのお知らせやイベント情報、独自取材したもの、それに「福島民友」と「福島民報」という地元新聞二紙からの記事紹介などを、コマーシャル代わりの音楽をはさみながらそれぞれ五十分間放送する。

〔原稿量が〕長いもの、短いものもあるんですけど、前半〔ネタを〕四本入れて、お便り募集、ジングルを入れたり、あとは曲を間に二曲入れるので、その曲次第で調整して、だいたい前半で三十分くらい、そのあと新聞〔「福島民友」「福島民報」のネタ〕に入るときが四十分過ぎの感覚で、終わるのはその人の感覚で、マ

チマチです。終わる時間は、絶対に五十分とは考えていなくて、早めに終わったら、あとは曲を入れるという感じですね。(12)

筆者がひばりエフエムに調査に行った二〇一六年五月八日、朝番組の担当はパーソナリティーの荒いずみと小林由香だった。荒は、開局してすぐにボランティアとしてひばりエフエムのスタッフに加わっている。小林は震災前はピアノ教室を開いていたが、震災後に家族ともども東京に避難し、戻ってきたときにピアノ教室を再開したものの生徒が集まらず、そのためひばりエフエムのスタッフとして仕事を始めた。チーフディレクターの今野、パーソナリティーの荒と小林の三人に共通するのは、それまでラジオの仕事の経験がなく、またラジオ局に興味があったわけでもなく、むしろ復旧・復興になんらかのかたちで関われればいいという気持ちでスタッフになった、ということである。筆者がスタジオ兼事務所に着いたのは朝番組の始まる五十分前の八時十分くらいだった。番組担当パーソナリティーの荒は、すでに原稿などを整え、放送準備をしていた。もう一人の小林は八時二十分くらいにスタジオに入ってきた。ひばりエフエムにはタイムレコーダーがあるので、二人とも入り口の左側のタイムレコーダーに自分のカードを差し込んで出社時間を登録する。

スタッフで一日常駐するのはチーフディレクターの今野だけで、ほかのスタッフはパートタイマーとして仕事をしている。小林は、午前中はパーソナリティーをこなし、午後からはピアノ教室でピアノを教えている。午前八時三十分になると、今野が「それではよろしくお願いします」と朝のミーティングを始めた。特に連絡事項もなく、五分あまりでミーティングは終了。八時五十五分になると、音声担当で、以前は傾聴ボランティアの仕事をしばらくのあいだ続けていた経験がある稲月昭博が、「入りまーす」とパーソナリティーにしか聞こえないような小声で呼びかける。それから小林が「こちらは、南相馬ひばりエフエムです。このあと九時からは『おはよう南相馬』をお伝えします。引き続き、南相馬ひばりエフエムをお聞きください」と番組前の告知を入れた。
マイクのスイッチは自分で操作するのではなく、音声担当の稲月に任せていて、声をかけられた段階でしゃべり始めるシステムである。情報番組では、最初の十分間はパーソナリティーの二人による掛け合いのフリートークがおこなわれる。番組が始まったころは、いきなり原稿を読み始めていたそうだが、二〇一一年夏ごろからＢＧＭをかけながらフリートークをしていたところ、リスナーから面白いからまたやってほしいというリクエストがあり、それをきっかけに現在のフリートークを入れる構成になった。(13) フリートークのテーマは事前に決めず、その日の担当パーソナリティーに任せられている。天気の話や日常の世間話、また荒も小林も子どもがいるので、子どもの話が多くなるという。本番前には簡単な打ち合わせがおこなわれるが、このフリートークには台本はなく、すべてアドリブである。実際にその日、昼の十二時からの番組では、昼担当のパーソナリティーで、ボランティアのときからひばりエフエムに関わっている新妻裕美と、震災後に南相馬市に移住してひばりエフエムのスタッフとなった武藤与志則は、フリートークの打ち合わせもないままに番組に入った。筆者は番組の準備段階から見ていたが、何を話そうかといった相談もせず本番が始まり、武藤がトークの主導権を握って、天気の話からゴールデンウイーク中にドライブに行って四百キロ走ったという話になった。その間、新妻は打ち合わせをしなかったとは思えないほど自然に合いの手を入れて、話の流れを作っていた。まさに阿吽の呼吸だった。

市民優先

ひばりエフエムにはコマーシャルはない。今野によると、二〇一四年ごろに、車の販売業者から仙台で展示会をやるので相双（相馬・双葉地域）地域にコマーシャルを流したいというオファーがあったという。今野は市の担当者と話し合ったが、「市の公平性にも関係してくる」(14) という理由でコマーシャルを流すわけにはいかないと言われた。自治体が運営する臨災局に民間業者のコマーシャルはなじまない、という趣旨の返答だった。

では、ひばりエフエムは番組と番組の合間には何を流していたのか。時間を調整するために音楽を流すこともあるが、主に三種類の内容を流している。時間は一分程度のもので、一つ目はリスナーへの情報募集の呼びかけ、二つ目は各番組の時間と番組内容のお知らせで、いわゆる番組宣伝である。そして三つ目は深夜や早朝に緊急事態が起きたときの対応などについてで、これは臨災局だからこそその内容になっている。緊急時の対応に関する放送内容は次のようなものである。

南相馬ひばりエフエムからお知らせとお願いです。ひばりエフエムでは、ラジオを通して、大地震や津波などの災害発生をいち早く伝えるよう努めていますが、夜間や早朝などの時間帯は、対応が遅れる場合があります。災害に関する放送は、NHK FM八十三・三メガヘルツ、福島FM七十八・六メガヘルツ、AM放送では、NHKラジオ第一千二百二十六キロヘルツ、ラジオ福島八百一キロヘルツからも情報を得てください。また地震を感じなくても津波警報が発表されたときは、ただちに海岸から離れ、高台など安全な場所に避難してください。南相馬ひばりエフエムからのお知らせとお願いでした。[15]

県域放送やコミュニティFMであれば、スポンサーに番組を買ってもらい、その対価としてコマーシャルを流している。したがって、他局のラジオを聴いてくださいと呼びかけることなど、ほとんどありえない。しかしひばりエフエムの場合、市役所が運営して情報を発信しているため、ほかの県域局やコミュニティFMと競合関係にはない。むしろ緊急時にひばりエフエムが対応できない場合に備えて、県域放送やコミュニティFMといったほかの情報ルートを南相馬市が市民に案内しているのである。安全の確保こそが臨災局であるひばりエフエムの目的であると、市は認識している。

リスナーからのクレームでリスタート

今野の記憶によれば、はっきりとした日にちは覚えていないが、二〇一一年の秋ごろに、放送のなかで新聞に載っていた記事について話しているときに「クスッ」とスタッフが笑った声が放送されてしまい、リスナーからクレームの電話があったという。

そのクレームの話というのは、牛の話ですね。あるときに警戒区域からきたと思われる牛が、警戒区域の外で捕まえられたんです。その牛は子牛を連れていたんですね。そうした記事が新聞に載っておりまして、そのことを話題にして話をしていたんです。そして、その子牛はどこで生まれたのか、つまり警戒区域内で生まれたのか、それとも警戒区域外で生まれたのかというような話ですね。そして逃げている途中で生まれたのかなあなんて話したときに、誰かがあんたおもしろいこと言うわね、と言ってくすっと放送で笑ったんです。そうすると、すぐに電話がかかってきて、牛は繁殖させるのは、すごく大変なことなので、そんなのそのへんで生まれるわけねえだろう、おまえらみたいな野良の子じゃねえんだと、私が出た電話口で言われました。[16]

もちろんスタッフに悪気はなかったのだろう。しかしクレームの電話をかけてきたリスナーは、原発事故のせいで自分の牧場に入ることができず、牛を置き去りにせざるをえないという厳しい状況に追い込まれていたと思われる。スタッフの笑いは、その気持ちを逆なでするように聞こえたのだろうと想像する。

ところで、このようなクレーム自体をどのように捉えたらいいのだろうか。感情面ではなく、情報という側面から分析してみると二つの考え方があると思う。一つは、ひばりエフエムのスタッフが実際に対応した際の考え方である。今野は普段からスタッフには注意を促していたという。「すごくいろんな方がいろんな状況で被災されて、そしていろんな思いで、復旧、復興に向かっているということを普段の放送のなかで意識するように[17]」と呼びかけていた。南相馬市は放射線量の度合いによって帰還困難区域が定められ、同じ南相馬市民であっても自宅で生活できる人々と仮設住宅などでの生活を余儀なくされている人々とに分断されてしまった。実際、このクレームの電話をかけてきた人は、自宅の放射線量が高いために避難生活を余儀なくされている人であることが後に判明している。[18]

すでに述べたように、南相馬市は二〇〇五年に三市町（原町市・鹿島町・小高町）が合併して誕生した。しかしこの福島第一原発の事故で、小高区、原町市、鹿島区は合併前に戻ってしまったかのように、二十キロ圏内か二十から三十キロ圏内かによって避難せざるをえない地区とそうでない地区に分かれてしまった。南相馬市が誕生して十年もたたないうちに、である。そうしたことをいちばん痛切に感じているのが、互いに分断された被災者である。ひばりエフエムが放送している場所は市役所がある原町区である。そこは、一部を除けば多くの人にとっては避難する必要はなく、自宅で生活できる区域に属している。北部に位置する鹿島区も、放射線量が低く自宅で生活できる区域である。しかし小高区は放射線量が高く、住むことはもちろん、立ち入ることさえ、当時は許されなかった（二〇一六年七月十二日に解除）。南相馬市は、地震で被災した世帯、津波で自宅が全壊した世帯、原発事故の影響で避難せざるをえない世帯と、同じ市民であっても、さまざまな事情を抱えた人たちがいるのである。同じ情報を聞いても、人によって受け止め方が違う。そうした事情を考慮して、放送での言葉遣いには気を使っていたという。「クレーム」を情報とは考えず、スタッフの失態と受け止め、内部で処理し、再発防止に努めるという考え方である。

もう一つの考え方は、クスッという「笑い」が、ひばりエフエムから発信された情報だとするならば、「クレーム」もリスナーから発信された情報だと捉えられる、ということだ。クスッという「笑い」の情報が発信されたことで、「クレーム」という情報が返ってきた。これを双方向の情報のやりとりとして捉えるなら、これこそ臨災局の特徴であり、リスナーから「クレーム」という情報を受信したひばりエフエムは、それをさらに多くのリスナーに届く情報にして発信するという再循環の発想もありえたといえる。例えば、クスッという「笑い」が漏れたことに対する「クレーム」が寄せられたことを放送のなかで話し、「笑い」に怒りを感じたリスナーはどんな状況に置かれているのかについて考え、同じ市民でありながらそれぞれがさまざまな事情を抱えているのだという情報として、それをさらに多くの市民と共有することができる。

あえてひばりエフエムのラジオとしてのつたなさをさらすことにはなるが、この「クレーム」は、リスナーにとっては、自分とは違う立場にある人の思いを知ることができる貴重な情報だったのではないかとも思われる。実際にこうしたことがきっかけになって、ひばりエフエムでは、被災者の意見を取り入れる番組作りに力を入れていくようになるのである。

また、この事例とは直接関係しないものの、同じ時期の動きとして、震災から半年をメインテーマにした特別番組『震災から半年を考える私たちの南相馬』を、二〇一一年九月十一日に三時間の生で放送した。[19]内容は、帰還困難地域である小高区出身で、避難生活をしている花屋に事前取材して聞いた話のほか、南相馬市立病院の院長や市民活動をしている女性の生出演、市役所の除染担当者へのインタビューなどだった。

この番組が放送に至った経緯について、今野は「正直、マンネリ〔行政ネタばかりの放送〕だったので、なにか特別番組でできること、もう少し震災とか、復興の大変さとかをクローズアップするようなものを作りたかった[20]」と制作動機を説明している。二〇一一年八月時点でのひばりエフエムは、一日三回の情報番組だけで、内容は行政情報やイベント告知が中心だった。今野は、被災者の声や生活状況などを盛り込んだ番組が必要だと感じていたのである。

この二〇一一年九月は、ひばりエフエムにとって一つの転機になった時期だった。その後ひばりエフエムは、被災者からの情報を取り込みながら情報を発信していく局へと変わっていった。次節では、ひばりエフエムがどんな目的から自主制作番組を増やしていったのかについて取り上げる。

4　臨災局としてのひばりエフエム

自主制作番組

ひばりエフエムの一週間の放送時間は八十九時間だが、時間数でみると自主制作比率は五三・〇％である（図

1を参照)。番組の種別をまとめると、①行政情報やニュース、天気、イベントなどの「ひばりエフエムが情報を発信する番組」、②ゲストへのインタビューや被災者にいまの生活状況などを聞く番組と、レギュラー出演者によるトークなどの「市民が情報を発信する番組」、③原発事故に伴う放射能関連の医療相談や市が毎日測定している環境放射線モニタリング結果を伝える「原発事故に伴う情報と医療に関する情報番組」の三タイプに分けることができる。番組種別ごとに紹介していこう。

市民の制作番組

②のなかの「市民が情報を発信する番組」とは、立場が異なる市民がさまざまな視点から南相馬市に関する情報を発信する番組で、計五本が放送されている。一本目は医療者という視点からの番組『医療の放送室』、二本目は南相馬市出身の若者の視点からつくられた『若者たちのRADIO会議』である。三本目は震災後に南相馬市に移住してきた人たちの視点からの番組『移住者たちのゆるゆるいくよ~』で、四本目は震災後に南相馬市に通い、その後移住してきた作家・柳美里が南相馬市民にインタビューする『柳美里のふたりとひとり』、そして五本目はひばりエフエムのパーソナリティーがリスナーのメールなどから寄せられたリクエストなどで情報を交換しながら進める『おかえりなさい南相馬』である。『若者たちのRADIO会議』が地元の若者という視点からの番組なのに対し、『移住者たちのゆるゆるいくよ~』は、震災後に南相馬市にボランティアのために来て、そのまま移住してしまったという人たちの番組である。これは二〇一二年五月十二日から始まった。今野はこの番組について、「〔出演者は〕二十代から五十代ですね。最初はそういう移住者がいるというので、びっくりしたんですが、最初のプランはなんで移住したのか、移住してきた人がどんなふうに南相馬を見ているのか、移住を決めた〔理由の〕こととか、どんな点が好きで移住を決めたのかなど、移住者からの視点で、南相馬の良さを語ってもらおう」[21]と説明している。

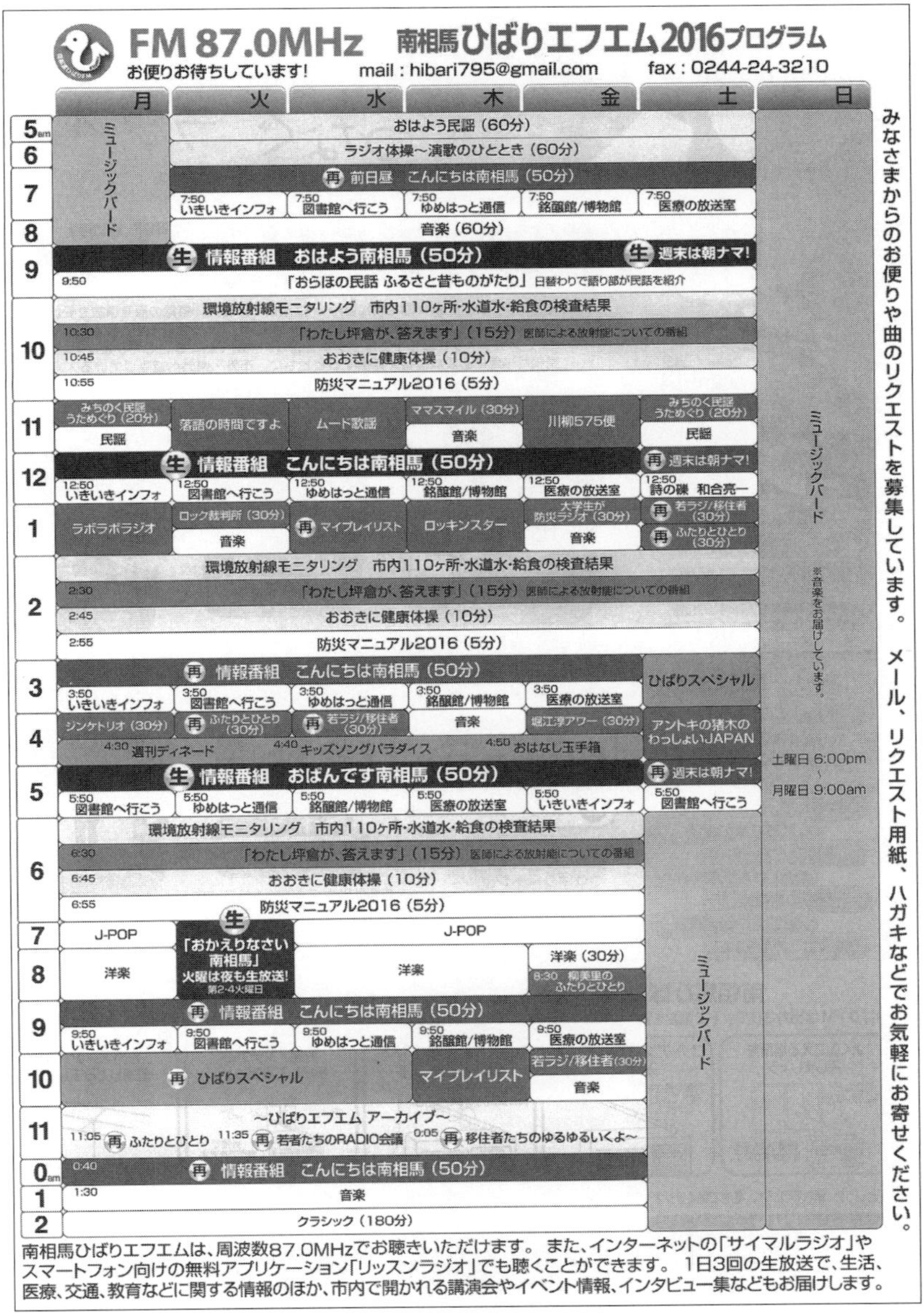

図1　ひばりエフエム番組表（2016年8月1日現在）

『柳美里のふたりとひとり』

『柳美里のふたりとひとり』は二〇一二年三月十六日から始まった番組である。柳は一九六八年生まれ、神奈川県出身。九七年に『家族シネマ』（講談社）で芥川賞を受賞している。『柳美里のふたりとひとり』は、彼女が市民から話を聞くというスタイルの番組である。

ところで、なぜ柳がひばりエフエムに番組をもつようになったのだろうか。震災直後、柳は母親が福島県只見町の出身ということから、何かしなければという思いから、放射能で汚染された南相馬市に足を運ぶようになった。そして彼女が南相馬の有名行事である相馬野馬追を見学しているときに「Twitter」を使って自身の情報を発信したところ、偶然にもひばりエフエムの今野がその「Twitter」のタイムラインをキャッチしてメッセージを送り、それがきっかけで連絡を取り合うようになったという。「初めてお会いしたときに、私は番組をやりたいですと言われたんです[22]」と今野が言うように、柳から直接、番組制作の申し出があったという。今野が、ギャラや交通費は一切出せないと切り出すと、柳は、まったく心配いりませんと答えた[23]。その後の話し合いの結果、出会ってからおよそ半年後に番組化が実現した。「おもしろいと思ったのでやってもらうことにした。でもこんなに長く続くとは思わなかった」と語っていることからも、今野がこの番組を有名人の一時的な売名行為などとはおよそ無縁なものと思っていることがわかる。

この番組は、柳が毎回、南相馬市に住む市民二人をゲストに迎え、震災前の市の様子や震災時の体験談、現在の生活や暮らしの状況、いま考えていることなどを聞くインタビュー番組である。柳は二〇一五年四月に長男の高校進学に合わせて南相馬市に移住してきたが、それ以前は神奈川県鎌倉市に住んでおり、番組が始まってから三年間は南相馬市まで通いできていた。当初、今野は月二回程度の放送を提案していたが、柳は毎週やりたいと希望。三、四カ月に一度来ては一週間から十日ほど滞在して、番組十二本から十三本分をまとめて収録していた。収録場所は、スタジオではなく学校や公民館、寺などさまざまだ。

筆者は、二〇一六年八月二十九日に、二百二十八回目と二百二十九回目の番組収録をしているところを見学した。この日の収録は午前十一時からで、南相馬市にある市民文化会館の、練習室として使われている場所でおこなわれた。そのときのゲストは南相馬市内で市民活動をおこなっている二人だった。ゲストの二人よりも遅れて到着した柳は、さっそく二人と名刺を交換して、以前イベントで会ったことがあるなどの雑談を交えながら、名前の確認と年齢の確認、家族のこと、南相馬市出身なのか、どこの高校の出身なのかなど、本番で聞くことなどをまとめていった。打ち合わせは十分ほどで終わり、柳は隣にいるチーフディレクターの今野に「いいですよ」と収録準備が整ったことを告げた。ちなみにこの番組に台本はない。しかし、時間制限なく話せば後々編集が大変になるので、編集せずにそのまま放送ができるよう収録していく。つまり、生番組のようにチーフディレクターが番組の残り時間を柳美里に示しながら進めていくのである。打ち合わせが終わると、すぐに収録が始まった。この番組のスタンスについて、柳は自著のなかでこう述べている。

私は二〇一二年三月から臨災局「南相馬ひばりエフエム」で、毎週のレギュラー番組「ふたりとひとり」を始めました。南相馬在住もしくは南相馬にゆかりがある二人（兄弟、姉妹、恋人、友人、職場の同僚、先生と生徒など）に、南相馬の思い出を語ってもらっています。南相馬に縁もゆかりもない人たちに、少しでも南相馬及び南相馬に暮らす人たちのことを身近に感じてもらえればと思っています。[24]

ひばりエフエム「ふたりとひとり」のパーソナリティとして、禁句にしているのは、「解ります」という言葉です。痛みは、その人のものです。家族や親しい人が痛みで苦しんでいる姿を間近にすると、代われるものならば代わってあげたいと切望しますが、他人の痛みを痛むことはできないのです。ですから、他人の痛みを思い知れ、などという言葉を平気で口にできる人は、他人の痛みを想像する力が欠如していると思います。大切なのは、他人の痛みを痛むことはできない、ということに痛みを感じるかどうかなのではないでしょうか。だから私は「聴くしかない」という姿勢で、とにかく話を聴いています。[25]

『柳美里のふたりとひとり』は、ひばりエフエムのウェブサイトからポッドキャスト[26]で放送内容を聞くことができる。

番組内容の分析

では、この『柳美里のふたりとひとり』は、市民にどんな情報を提供しているのだろうか。ここで第一回放送の二〇一二年三月十六日[27]から、一五年七月十一日（番組のなかで収録日付を明らかにしているが、放送日は不明）までの百六十五本の内容をみてみよう。ここでは、出演者の男女比、年齢層、出演者の二人の間柄、内容ごとに分類した。調査方法は、番組の冒頭約五分間を聞いて男女比と年齢層を把握するいうものである。番組はまず、柳が出演者二人の関係を聞くことから始まる。その後の話の流れは、出演者同士の間柄によって異なる。例えば、同じ地区に長く住んでいた者同士ならば、地域の昔話、震災直後の話、津波の被害の有無、原発事故の影響、原発事故を想定していたのかどうか、などになる。小・中・高校時代の同級生であれば、学校時代のお互いの印象、部活動の話、その後の進路や経歴などの話になる。恩師と生徒であれば、昔の思い出話が中心になる。

震災後に市外から南相馬市に来ている人は、その理由や南相馬市の印象を語る。またボランティアや市民活動のために来ている人には活動内容を紹介してもらったりもする。この番組は、事前の台本がないだけに、話の内容はそのときどきで変わる。そのために、震災や原発事故関連の話ありきではなく、そのときどきの流れによって話の内容は自由に変化する。また、その内容によっては二回にわたる場合もあるが、それは必ずしも事前に決めたわけではなく、話す時間が足りないときに臨機応変に二回に分けているというケースもある。番組の体裁上は、「先週に引き続き」という形式をとっているが、実際はその場で話を収録し続けているので、次の週に取り直しているのではない。興が乗れば長くなることもありうるのである。

出演者は男性が百八十五人、女性が百四十五人で、合わせて三百三十人である。年齢別にみると、最も多い年齢層が「二十歳〜五十九歳代」の百五十二人で四六・〇%、次いで六十歳以上の百三人で三一・二%、あとは十歳代が十九人で五・八%、不詳が五十六人で一七・〇%となっている。

ゲスト出演者は原則として二人一組だが、その間柄は、本人たちが自己紹介したり、柳が紹介したりする。この番組への出演で初めて会った人同士もいるが、そうした間柄を説明できないケースを「その他」とした。またポッドキャストに音声が残されていない五回分の放送については、内容を聞くことができないため、「不明」とした。

最も多いのが、上司と部下という「会社関係」で四十三組（二六・一%）、次いで幼なじみなどの「友人関係」が四十二組（二五・五%）、夫婦、兄弟、親戚、姉妹などの「家族」が三十六組（二一・八%）で、先生と生徒、同級生、同窓生の「学校関係」が二十四組（一四・五%）、「その他」が十五組（九・一%）、「不明」が五組（三・〇%）となっている。

話した内容をテーマ別に分けると、震災直後の体験や津波被災の体験、原発事故関連の「現在の話」が八十三回と最も多く五〇・三%、以下、思い出話、出演者同士の話、学校の話などの「過去の話」が五十九回（三五・八%）、どれにも属さない「その他」は十八回（一〇・九%）、「不明」は五回（三・〇%）だった。

テーマ別にみると「現在の話」が最も多いが、柳は、ひばりエフエムのウェブサイトで、この番組について、「南相馬で地震や津波や原発事故から免れたひとはいないので、自然にそれらの話になることもあるけれど、それが本題ではありません。わたしが聴きたいのは、『ふたり』の過去から今までの、なにものにも回収されることのない時間の記憶です」[28]としている。また柳は第五十回の放送の冒頭で、「「被災地の声」「福島の声」をひと括りにされることが多いですが、地元にある臨時災害局はかっこでひと括りにされることを拒否するためのメディアだと思います」[29]と話している。ここで柳が言う「地元にある臨時災害局はかっこでひと括りにされることを拒否するためのメディア」とは、被災地域にはそれぞれ異なった事情があり、それを「かっこでひと括り」にせず、その地域ごとで放送することができるメディアが臨災局だということだろう。

この番組で地震や津波、また原発事故のことなどを話さないほうが不自然ではあるが、柳が「なにものにも回収されることのない時間の記憶」と述べているのは、出演者が震災以前の思い出を語るのを聞くことで、柳自身が震災以前の南相馬市を知るのと同時に、市民にとっては、津波で流され放射能で汚染された土地という震災によって上書きされてしまった南相馬のイメージを、震災前のイメージを呼び起こすことで土地の記憶を回復させるという意味があるのではないだろうか。この番組は、そうしたことを可能にする情報の発信をめざしていると考えることもできる。

番組各回にはタイトルがついているが、そこには地名が入っていることが多い。南相馬市の三区域、小高、原町、鹿島のうちのどの区名が最も多くタイトルに登場するかを調べてみると、小高の二十八本が最多だった。「小高区のママ友ふたり、美しい海と野ばら」「小高区のママ友ふたたび、警戒区域解除後の自宅で」「小高区「趣味の着物を通して知り合った」女二人」「小高区で日本舞踊を教えていた先生の女性二人」「小高区の行政区長らふたり、震災の体験と今後」「震災後のママ友、小高区の夫婦ふたり」「小高区村上に伝わる田植踊りの夫婦のふたりと五十代女性（後編）」「小高区で洋菓子店を営んでいた五十代の夫婦（前編と後編）」「原町区、小高区、お寺のご住職ふたり（前編と後編）」「小高区で暮らしていた韓国人女性とその姉夫婦」「小高区出身の幼なじみ三十代女性ふたり」「小高区で避難者が交流できる場を運営する女性二人」「小高区の幼馴染、男性ふたり」「小高区で開く料理教室で知り合ったふたり」「小高区の女性ふたり、ふたたび」「仮設住宅で避難生活を送る小高区の六十代女性ふたり」「仮設住宅で出逢った鹿島区と小高区の八十代の男」「小高工業高校の生徒と先生」「小高駅前にアンテナショップを開いたふたり」「小高工業高校のふたり」「小高区でスポーツ施設を管理するふたり」「小高区で工場を経営する夫婦」「小高区の六十代と七十代の夫婦」となっている。

次に多かったのは原町という地名だが、小高に比べると十九本少ない九本だった。「姉妹ふたり、幼い頃の原町の想い出。そして老親と震災」「原町区のロックバー SHOUT が縁の四十代男性の二人」「原町区で中華料理店を営む中国人の夫婦」「原町高校放送部一年生の女子三人、柳さんへのインタビュー」「震災後、原町区の屋台村で飲食店を始めた夫婦」「原町区、小高区、お寺のご住職の二人（前編と後編）」「浪江町出身の民謡歌手、原田直之さんと原町出身男性」「原町高校放送部一年生のふたり」となっている。

最も少なかったのは鹿島で、計五本だった。「鹿島区の仮設住宅で開いた忘年会」「鹿島区の神社の宮司、飯舘村の神社の禰宜」「仮設住宅で出逢った鹿島区と小高区の八十代の男性」「津波被害と農業再生、鹿島区八沢の団体職員三人」「鹿島区に嫁いで来たふたり」だった。

百六十五本全体のなかの割合では、小高（一七・〇％）、原町（五・五％）、鹿島（三・〇％）の順となり、放射線量が高い順と同じだが、意図があってそうなったのかどうかはわからない。また、三地域の名前のいずれかがタイトルに入るものは全体の四分の一程度だった。いずれにせよ、それぞれの地域事情、住民の被災状況、避難状況、震災時の状況などを話すことで、情報の共有化が期待でき、それによって、放射線量によって分断された南相馬市を再び結び合わせることが期待されるのである。

ここでは『柳美里のふたりとひとり』のなかの百六十五本を「年齢層別出演者」「出演者の関係」「テーマ別仕分け」「地名別」の四点から分析した。その結果、最も多かったのが、年齢層は二十歳から五十九歳まで、二人の間柄は同じ職場の者同士、話の内容は震災体験や原発事故、現在の生活状況、ということがわかった。この番組は、柳が震災以前からこれまでの南相馬市の地域情報をゲストへのインタビューで引き出し、発信していると考えることができる。

ここで、「地域情報」という概念についてふれておく。社会学者の浅岡隆裕は、地域社会内で生産―交換―消費される情報を「地域情報」と呼ぶ(30)。それは主に地域メディアによって作り出されるが、今日ではメディア産業に属するプロの作り手だけの独占物ではなく、地域住民などさまざまな主体がその生成に関与するようになった。そもそも地域住民が豊かな地域生活を送るためには、質の高い地域情報が提供されるか、あるいはそれを自身で作り出す必要がある。さらに、地域情報はある特定の人だけに役立つのではなく、住民全体に共有されることによって、地域社会を変えていく力を発揮する。個別の地域情報は、断片的な材料であっても、それが集積されて実際に受容されていくなかで、地域としての一体感や地域イメージの輪郭が作り上げられていく。

この浅岡の議論で重要なのは、地域情報は「プロの作り手だけの独占物ではなく」、「地域住民などさまざまな主体がその生成に関与」し、「住民全体に共有されることによって、地域社会を変えていく力を発揮できる」という点にある。つまり、行政が主体となって地域情報が作られるのではなく、地域住民がそこに関与し、その情報が共有されることで地域社会を変えていくということである。『柳美里のふたりとひとり』にこれを当てはめるなら、番組に出演した地域住民が情報を発信し、それをリスナーが受け止めることで地域情報が作り出されるという過程を経て、地域を作っているのは自分たち住民なのだという自覚をもつようになるという仕掛けが、この番組には備わっているといえるのではないだろうか。

空間を共有する生中継

ひばりエフエムには、月二回放送している『おかえりなさい南相馬』という特別番組がある。これはパーソナリティーとリスナーがメールやはがきなどで情報を交換しながら進める構成になっている。具体的に何を話すかなどを細かく決めた台本はなく、そのときどきのメールやはがきなどを中心に、リスナーに語りかけて情報を交換しながら進めていくのが、この番組の特徴である。放送日は第二・四火曜日で、スタジオからとは限らず、必要があれば外からの生中継もおこなう。筆者は二〇一六年七月十二日、小高区の避難指示準備区域が五年四カ月ぶりに解除されるという日の生放送を見学した。この日の放送は南相馬市役所のスタジオからではなく、番組のテーマが「避難指示準備区域が解除となった小高区」だったことから、小高駅前にあるワーカーズベースの事務所を借りて生中継がおこなわれた。番組には今野聡と小林由香の二人のパーソナリティーと小高区の住民が出演し、震災からの五年四カ月や今後の小高区、また南相馬市のことなどについて語り合い、避難指示準備区域が解除されたことを祝う番組になった。避難指示準備区域に指定されているときは、自宅に泊まるには事前に市役所に申請書を提出する必要があった。しかしこの指定解除で、事前申請がいらなくなったのである。ひばりエフエムがある南相馬市役所は原町区にあり、小高駅前までの距離は十二キロあまりである。テレビ中継ならば現地からの映像があったほうがいいので生放送する必要があるだろうが、しかし音声だけのラジオ局のひばりエフエムが、なぜ放送機材を持ち込むという手間をかけてまで生放送をしたのだろうか。

小高区が避難指示〔区域〕解除という節目を迎えて、〔七月〕十二日という日は小高区の人にとっては特別な日だったわけです。その特別の日の空気感というか、そのときのその思いを発信するのには、やはりここ〔小高区内〕で放送しないと、あとからこんな話を聞きましたとか、こんなことを住民の人は話していましたとか、そんな放送するよりも、いま現在私たちも小高にいて放送していますというほうが現実感があると思います。(31)

番組が具体的に伝えることは、避難指示準備区域が解除されたという事実や、住民らの喜びの声であることは言うまでもない。だがそれ以上に伝えたかったのは「現実感」だったと小林は話している。放送はインターネットでも聞くことができるので、ひばりエフエムが生中継することで、県内外に避難している人たちにも放送から伝わる現地の空気を共有してもらえると考えたのだ。それが現地からの生放送の意図だった。

原発事故に伴う情報と医療に関する情報番組――内部被曝相談番組『わたし坪倉が答えます』

前述したひばりエフエムの自主制作番組の③「原発事故に伴う情報と医療に関する情報番組」として分類した『わたし坪倉が答えます』は、福島第一原発事故で生じた内部被曝の問題に対応するために専門医師がリスナーからの質問に答える十五分の番組である。この番組では、南相馬市立総合病院で内部被曝検査を担当する東京大学医科学研究所の医師・坪倉正治が検査データの結果をもとに、内部被曝について詳しく解説する。番組は二〇一二年六月十八日から始まり、一二年には十七本、一三年には八本、一四年には九本放送している。この番組は、ひばりエフエムが坪倉医師の講演会を録音して放送したのをきっかけに始まった。主な内容はひばりエフエムのウェブサイト上で公開されている。そこに掲載されているなかから、一二年の第一回から第十七回までの番組タイトルと回答を、次に引用する（放送日は記載されていない）。なお、放送内容はひばりエフエムのウェブサイトからポッドキャストで聞くことができる。[32]

第一回
Q「内部被曝、体内に入ることによる影響は？」
A「DNAがダメージを受け、ガンとか身体に障害が表れる可能性があるが、もともと我々は放射線を浴びていて、その放射線の量、程度の問題です。ゼロベクトルの環境はあり得ません」
第二回
Q「家族で検査、おじいさんだけ検出したのはなぜ？」
A「セシウムは大人で三、四カ月で排出。男女の差は筋肉質の影響か。子どもは、十五歳で二・五カ月、六歳で一カ月、一歳で十日で半分になる。大人で未検出なら子ども未検出」
第三回
Q「今後、内部被曝の検査は続けていくべき？」
A「WBC検査で、子どもの九九％は放射性物質が検出されません。十年後に被曝量が増えたロシアの事例があり、未検査食品を食べる可能性があるため継続検査は必要です」
第四回
Q「どのくらい内部被曝したか？　どんな人が値が高いのか？　ヨウ素への対応は？」
A「事故直後に摂取したのは排出されてしまって子どもはほぼ検出されず、検出される人は現在摂取している人。要素とセシウム比率はバラバラ」
第五回
Ｑ「八百屋の軒先に並ぶ商品は大丈夫？　食べ物の基本的な汚染経路は？」
Ａ「事故前からラドンなどによる内部被曝はあった。事故による放射性物質の浮遊は現在ではゼロではないが、ほとんどない。食品自体の外部被曝は気にしなくてよい」
第六回
Ｑ「日常生活で現在、マスクは必要ですか？　蚊を介した内部被曝はあるのか？」
Ａ「空中浮遊のリスクは食品のリスクに比べればかなり低く、内部被曝検査結果でもマスクありなしでは差がない。蚊対策には蚊取り線香を」
第七回
Ｑ「事前の食品検査と学校給食丸ごと検査の検査制度の違いと微量に検出されたセシウムをどう考えればよいのか？」
Ａ「それぞれメリット、デメリットがある。セシウム百三十四または百三十七だけ検出されるのは検査限界で十分低い値」
第八回
Ｑ「屋外プール授業の再開と屋外での活動。雨は現在どうなっているのか？」
Ａ「現在の内部被曝のリスクはほとんど食べ物からなので、もしプールの水を飲んだとしても心配はない。裸だからといってγ線が影響するわけではありません」
第九回
Ｑ「梅酒を作ってもよいのか？」
Ａ「漬けることによって放射性物質が梅から一部はしみ出すが、一般食品の新基準値内であれば爆発的な被曝にはならないよう基準値を設定している。空間線量計で食品検査をしてはいけません」

第十回

Q「薪を使った風呂は大丈夫？　甲状腺が腫れて不安」

A「たき火などでも高温じゃないのでセシウムは気化せず灰に残るので、その灰の取り扱いに注意。チェルノブイリの甲状腺がんは牛乳摂取によるもので、日本ではほとんど心配ない」

第十一回

Q「魚の汚染、高いものと低いものがあるが？」

A「過去最高とか通常の何倍とか報道されがちですが、継続的な計測が重要です。魚個体による違いは捕獲場所、餌などでも異なる。タコは排泄が早くセシウムはたまりにくい」

第十二回

Q「同じ畑でも土壌汚染に違いがある？」

A「食品の産地を選んでいてもいなくても、内部被曝検査結果に違いはなく、未検査食品を継続摂取しているほうが検出されている状況。家庭菜園でも食品検査をしているほうの被曝は増えていない」

第十三回

Q「南相馬市の水道水、井戸水の安全性は？」

A「水道水からは検出されず、基本的に泥水のセシウムから検出される。厳密には大気圏核実験の影響でストロンチウムがミリベクトルで検出され、ゼロベクトルの水はほとんどない。量の問題」

第十四回

Q「ほこりをなめてしまったら？　傷口から被曝はあるのか？」

A「一ミリシーベルトの被曝を受けようとするなら数万ベクトルくらい必要なので、ほこりをなめてもその一万分の一くらいの超低レベル、水洗いすればＯＫです」

第十五回
Ｑ「市立総合病院二〇一二年四月から九月までの市民八千六百人の結果からわかることは？」
Ａ「セシウム検出が減少している。二〇一一年に比べ、大人七〇％から三％、子ども六〇％からほぼ〇％、ほとんどの方で慢性的な内部被曝はない」
第十六回
Ｑ「川内村の検査や平田病院での検査からわかることは？」
Ａ「帰村かどうかにかかわらず明らかな内部被曝の差はない。川内村と南相馬市と比較しても差はない。地産食品を食べているが、しっかり検査することが生活で根づいている」
第十七回
Ｑ「薪を燃やして空気からの汚染は大丈夫？」
Ａ「現在の内部被曝のほとんどは食べ物から、汚染された薪、木炭を燃やすとセシウムは気化せず灰に濃縮して残るので、燃焼空気よりその灰が舞い上がるような環境では注意が必要です」

坪倉医師は、東日本大震災後にチェルノブイリを視察し、状況を確認したり、現地スタッフと懇談したうえで、帰国後、南相馬市での内部被曝検査を実施するなど、放射線知識の普及に努めている[33]。この番組では、素朴な疑問で、しかも他人には聞けないことや知っているがよくわからない、あるいは噂話でしか確認したことがないことなどについて、坪倉医師が説明し解説している。質問も答えも、平易な言葉を使っているのでわかりやすい。例えば、第五回では、生活レベルの話として食べ物の汚染経路について説明し、第六回では、日常生活を送るうえでのマスクの必要性や蚊について、マスクのあり／なしでは差がないとか、蚊の対策には蚊取り線香を、などとユーモアを交えながら回答している。坪倉医師は回答には「大丈夫」という言葉は使わないことにしていて、必ず説明を加える。第九回の「梅酒をつくってもよいのか」といった一般的な生活レベルの質問に対しては、根

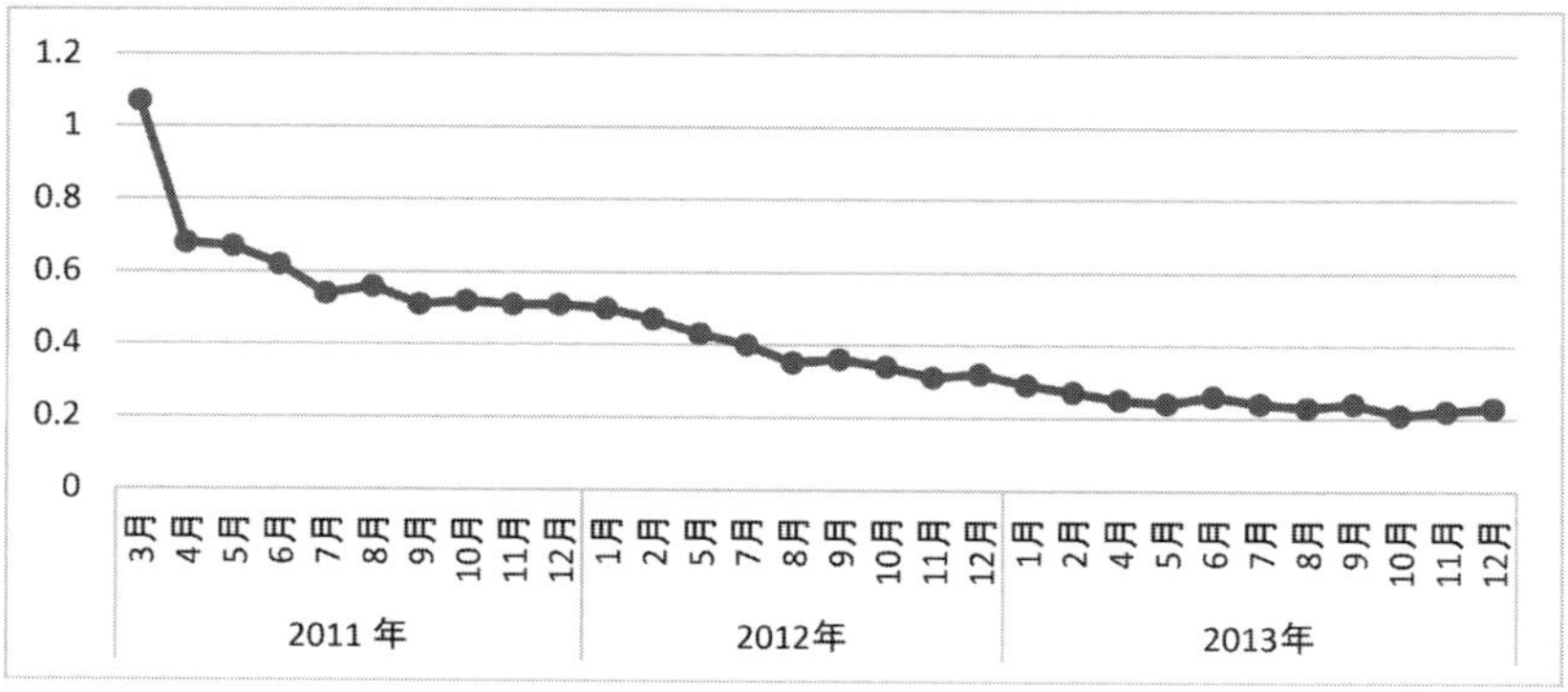

図2　市立総合病院の放射線量（2011年3月から13年12月）
（出典：南相馬市ウェブサイトから筆者作成）

拠を示してどのくらいの範囲で安全かを説明し、また第十四回の、ほこりをなめたり傷を負ったりすると被曝するのかという素朴な疑問に対しても、ほこりに含まれる放射性物質の量を示したうえで、対処法も明らかにして回答している。ときに冗談を交えながら、基本的にまじめに答えるからこそ、誰にも聞けない被曝の疑問もひばりエフエムのこのコーナーなら相談できるという信頼感が生まれている。市民からの質問は同時に情報発信でもある。坪倉は回答する際、質問者以外のリスナーのことも意識しているので、ここには質問者―坪倉―リスナーの間に情報の双方向性が確保できている。それによってこの番組は、被曝に関する単なる相談番組というだけでなく、被災者が情報の送り手になれるということをリスナーに意識させる機能を担っているといえる。

地域の結び直しの番組

日がたつにつれて、南相馬市の放射線量は「最初のころの数値とはだいぶちがいますよ(34)」と認識されるようになった。市の放射線量測定は、二〇一一年三月二十七日に、南相馬市立総合病院北側入り口（外部）一カ所（南相馬市原町区高見町二丁目）で、職員が手作業で測定するところから始まった。図2は、一三年十二月までの放射線量数値の推移を示したグラフである。一一年三月では、一マイクロシーベルト毎時を超えていたが（正式値は一・〇七マイクロシーベルト毎時）、一三年十二月二十六日には〇・二マイクロシーベルト毎時に近い値だとグラフで確認できる（正式値は〇・二三マイクロシーベルト毎時）。

こうした測定値を伝える番組が『環境放射線モニタリング』で、市内の放射線量測定結果のデータの数値を読み上げるだけの番組である。ひばりエフエムでは、市役所が発表するデータを当初は朝と昼と夕方の情報番組のなかで生放送していたが、一二年四月に小高区内のデータを測定することができるようになったため、測定箇所は百二十九カ所に増えた。

再編の結果、『環境放射線モニタリング』は午前十時、午後二時、午後六時の三回の番組として放送するようになった。データは毎週木曜日に更新して、そのデータを金曜日の午前十時から生で読み上げ、それを録音したものを月曜日から木曜日まで放送している。つまり、データは毎日測定しているが、放送するのは木曜日のデータだけである。

いまは金曜日だけになりました。この判断はいろいろありました。最初のころは、変動は激しかったですけど、最近は落ち着いてきたし、市民の関心はどこまであるだろう、だけどこれはきちんと放送しなければだめだろうという考えもあって、（略）うちの災害局としての売りが放射線量のモニタリング情報なので、これがあるから災害局だろうということなので、やっています。[35]

今野は、この番組の目的はデータを単に知らせるためではなく、臨災局の存在意義を示すものとして位置づけている。なぜならこの測定データは、ひばりエフエムの放送でしか知ることができないわけではなく、市のウェブサイト、原子力規制委員会のウェブサイト、[36]「福島民報」「福島民友」の地元新聞でも確認することができるからである。実のところこの番組がなくても本質的には問題はない。

この番組がもつ意味については、臨災局の存在意義とは異なるもう一つの側面があると考える。宇野常寛は、原発事故の影響について「原発事故に関連した計画避難区域については、「日常性の断絶」は現実のものだ。逆に西日本などでは、比較的にだが震災前の日常性はかなり高いレベルで維持されているだろう。そして、問題は日常性が断絶した場所とそうではない場所とに日本社会が分断されてしまったことだ[37]」と述べている。宇野が論じているのは、日本全体のことだが、これは南相馬市の縮図と考えることもできる。宇野は、つながりや結び付きが切れて失われることを意味する「断絶」という言葉を使用しているが、南相馬市の場合は、つながりや結び付きは切れてはいないので、まとまりがあるものを断ち切って離ればなれにすることを意味する「分断」という言葉に置き換えて考えたい。南相馬市のなかでも鹿島区では震災前の日常性は比較的維持されているが、原町区と小高区は日常性が失われた地区となった。南相馬市は、このように分断されてしまったことで、市の再建がほかの自治体よりもいっそう難しくなっている。「分断」しているものは放射線量だが、その放射線量の値を毎日伝え続けることで、この『環境放射線モニタリング』という番組は日常性と非日常性のあいだにあるものを取り除くことを伝え続けるという役割を果たしている。ひばりエフエムの臨災局としての存在意義を示す番組であると同時に、分断の「壁」が次第に低くなっていることを伝える番組として捉えることができる。

ただし、この番組は放射線量について、地域間の比較や過去との比較などは一切しない。ただ数値を読み上げるだけである。今野は、「原発事故後、南相馬市から避難した人、避難せずにとどまっている人、それぞれの置かれた状況は様々で、現在の放射能汚染についても多様な考え方があり、そうした個々人の立場や判断を尊重して、放送のなかでは安易に避難している人に帰還を呼びかけない[38]」と話していた。

まとめ

ここまで、南相馬市のひばりエフエムについて概観してきた。第2章のりんごラジオは、開局当初から聴取者である町民に積極的に当事者意識をもって情報発信を促すような放送をおこなってきた。だが、このひばりエフエムはりんごラジオとは異なって、開局当初から一方向的な放送をおこなっていた。しかし、聴取者からの「クレーム」としての情報提供が転機になって、またスタッフの発案という偶然も重なって、それまでの一方向的な情報提供ではなく、被災者自らが情報発信者になるような番組を放送するようになっていった。つまり、そうしたきっかけからひばりエフエムは、行政情報を提供する臨災局から市民の情報を発信する臨災局へと変化していったのである。

注

（1）松本恭幸『コミュニティメディアの新展開――東日本大震災で果たした役割をめぐって』学文社、二〇一六年、一一八ページ
（2）復興庁では、東日本大震災による負傷の悪化などによって死亡して、災害弔慰金の支給等に関する法律に基づいて当該災害弔慰金の支給対象になったものとしている。
（3）「被災地支援ラジオ」二〇一二年十月三十一日放送。「京都三条ラジオカフェ」ポッドキャストからの引用（http://797podcast2.seesaa.net/category/14334054-1.html）［二〇一六年七月二十五日アクセス］
（4）今野聡への筆者による聞き取り調査（a）（日時：二〇一四年九月十七日午前十時―午前十一時、場所：南相馬ひばりＦＭ事務所兼スタジオ）。
（5）「南相馬日記」二〇一一年五月十四日付、「国際ボランティアセンター」（http://www.ngo-jvc.net/jp/projects/touhoku-msdiary/）［二〇一八年六月二十六日アクセス］
（6）同ウェブサイト［二〇一八年六月二十六日アクセス］
（7）同ウェブサイト［二〇一八年六月二十六日アクセス］
（8）同ウェブサイト［二〇一八年六月二十六日アクセス］

（9）今野聡への筆者による聞き取り調査（b）（日時：二〇一六年五月十九日午後十二時―午後一時、場所：南相馬ひばりFM事務所兼スタジオ）。
（10）前掲、今野聡への聞き取り調査（a）
（11）同聞き取り調査（a）
（12）前掲、今野聡への聞き取り調査（b）
（13）同聞き取り調査（b）
（14）同聞き取り調査（b）
（15）南相馬ひばりFM、二〇一六年五月九日午前十時―午前十一時までの間に放送からの引用。
（16）今野聡への筆者による聞き取り調査（c）（日時：二〇一六年六月二十四日、午後二時三十分―午後二時四十五分 場所：南相馬ひばりFM事務所兼スタジオ）。
（17）前掲、今野聡への聞き取り調査（c）
（18）同聞き取り調査（c）
（19）前掲、今野聡への聞き取り調査（a）
（20）同聞き取り調査（a）
（21）同聞き取り調査（a）
（22）同聞き取り調査（a）
（23）同聞き取り調査（a）
（24）柳美里『沈黙より軽い言葉を発するなかれ――柳美里対談集』創出版、二〇一二年、七〇ページ
（25）同書三二―三三ページ
（26）「ひばりFM番組ページ」（http://hibari-fm.blogspot.jp/）［二〇一六年八月十五日アクセス］
（27）「南相馬ひばりFM　87.0MHz」（http://hibari-fm.wixsite.com/870mhz/yuumiri）［二〇一六年九月十日アクセス］
（28）同ウェブサイト［二〇一六年九月十日アクセス］
（29）同ウェブサイト［二〇一六年九月十日アクセス］

(30) 浅岡隆裕「道具としての地域メディア――メディアアクティビズムへ」、丸田一／國領二郎／公文俊平編著『地域情報化認識と設計』所収、ＮＴＴ出版、二〇〇六年、二三四ページ
(31) 前掲「ひばりＦＭ番組ページ」［二〇一六年八月十五日アクセス］
(32)「「togetter」「南相馬ひばりＦＭ」坪倉正治さんの『わたし坪倉が、答えます』を聴いてみた…」(http://togetter.com/li/447219)［二〇一六年十月九日アクセス］から引用。
(33) 渋谷哲也「南相馬で暮らす市民を支えた医師達」、渋井哲也／村上和巳／渡部真／太田伸幸編著『震災以降 終わらない３・11――３年目の報告』(東日本大震災レポート「風化する光と影」第二巻) 所収、三一書房、二〇一四年、七六ページ
(34) ひばりＦＭパーソナリティーの小林由香と荒いずみへの筆者による聞き取り調査 (日時：二〇一六年五月九日午前十時―十時三十分、場所：南相馬ひばりＦＭ事務所兼スタジオ)。
(35) 前掲、今野聡への聞き取り調査 (a)
(36)「原子力規制委員会」(http://radioactivity.nsr.go.jp/map/ja/area.html/)［二〇一六年八月三十日アクセス］
(37) 宇野常寛『リトル・ピープルの時代』(幻冬舎文庫)、幻冬舎、二〇一五年、四六〇―四六一ページ
(38) 前掲、今野聡への聞き取り調査 (a)

コラム3　生放送中に市民から「助けてください」とSOSメール

宮城県石巻市の石巻コミュニティ放送（ラジオ石巻）は、阪神・淡路大震災後、地域の情報を放送するラジオ局として一九九七年五月に設立された。一時経営難に陥るが、二〇〇七年には「むすぶ・つなぐ・地域の輪」をスローガンに、「市民全員が出演したことのあるラジオ局」として、市民参加を重点方針に掲げた。この方針に沿って制作されたのが『サウンド・ステッカー』という番組だ。市民が一分間、マイクに向かって自分自身のコマーシャルをするという自己PRの番組である。ただし、最後に必ず言わなければいけない決まり文句がある。市民は、発言の最後に必ず「あなたのラジオ石巻」と言わなければならない。番組出演者は一週間に十人、月に五十人にのぼる。狙いはもちろん市民全員参加であり、なおかつラジオに親しみをもってもらうことだ。出演するのは大人ばかりではない。幼稚園児へのインタビュー番組『みんなの夢冒険』や、小学校五年生を対象に「将来の夢」を話してもらう番組など、老若男女を問わず誰もが出演する番組を企画し、放送してきた。

東日本大震災で石巻市は震度六弱の地震に見舞われた。そのときラジオ石巻では録音放送をしていたが、すぐに生放送に切り替え、「津波から逃げるようにと、繰り返し流し続けた」と高橋幸枝アナウンサーは振り返る。そして最初の揺れからおよそ二時間後、一通のメールが届く。「みなと二丁目六―一です。〇〇です。津波でいえからでられません。いま二かいにいます。一階は水没して壊滅状態ですいえがながされています」[1]。市民からのSOSメールである。幸いにも、この被災者は無事だったことが最終的に確認されている。このメールについては、三陸河北新報社の元記者で、震災当時ラジオ石巻の専務取締役だった鈴木孝也が後日あらためて取材している。メールを出した本人によれば、津波が迫るなかで夫が普段からラジオをよく聞いていたこともあり、ラジオ石巻にメールを送れば誰か助けにきてくれると思い、送信したという。文面を見ると、漢字に変換したり句読点を打つ余裕もなく、懸命に訴えている様子がうかがえる。送信した本人も、「ラジオ局が助けに来てくれると思ったわけではない」と話しているように、ラジオを聞いている誰かが助けてくれるかもしれないと思い呼びかけたという。つまり、ラジオの向こうにいる人に呼びかけたのだ。このＳＯＳメールには、二つの信頼が乗せられていた。一つは、ラジオ石巻ならばこのＳＯＳメールを放送してくれるという信頼、もう一つは、ラジオ石巻を聞いているリスナーならば助けにきてくれるという信頼である。こうした信頼は、ラジオ局の普段からの努力あればこそなのは言うまでもない。地域メディアでは情報の送り手と受け手の立場は固定的ではなく、受け手が送り手になることで双方向メディアとして機能する。しかし、その大前提になるのは信頼である。臨災局は緊急時に設置されるが、コミュニティＦＭは平常時に開局するため、放送に対する普段からの信頼性、地域住民のためのラジオ局という信頼性が、いざというときに力を発揮する。地域住民に信頼されているか、そしてその信頼がラジオ局としての情報収集能力につながるのかどうか。このＳＯＳメールは、ラジオ石巻に対する住民の信頼を意味している。

注

（１）鈴木孝也『ラジオがつないだ命――ＦＭ石巻と東日本大震災』（河北選書）、河北新報出版センター、二〇一二年

第4章　とみおかさいがいエフエム「おだがいさまＦＭ」

はじめに

本章では、福島県富岡町に設置された、とみおかさいがいエフエム「おだがいさまＦＭ」を取り上げる。富岡町は、地震と津波に加え、福島第一原発の事故によって、町全体が原発から二十キロ圏内に入るために二〇一一年三月十二日に全町民が避難せざるをえない状況になった。こうした非常事態に、おだがいさまＦＭは、被災地ではなく、避難地に局が設置されるという前例がない臨災局となった。被災地ではなく、避難地に設置されたおだがいさまＦＭが、放送運営をどのようにおこない、被災者である町民にどのような情報提供をおこなっているのかを本章では明らかにしていきたい。また、開局が震災から一年も過ぎた一二年三月十一日というのも臨災局としては異例だが、このことはおだがいさまＦＭが、災害による被害の軽減という設置目的でできたわけではないことを予想させる。どのような目的のために設置されたのかという点にも注目し、このおだがいさまＦＭを分析したい。この局を調査事例として選択した理由は、①どのような情報を提供しているのか、②町外に避難している町民にどのような情報を提供しているのか、③設置した目的は何か、そして実際にどのような役割を果たしているのか、について明らかにしたいからである。

まず、富岡町の概要と、東日本大震災によって町がどのような状況に置かれたのかを概説する。そのうえで、最大で二千八百人あまりが避難した福島県産業交流館（ビッグパレットふくしま。以下、ビッグパレットと略記）に開局したミニＦＭの活動内容を紹介する。ミニＦＭと臨災局は根本的に異なるが、ビッグパレットでのミニＦＭの活動が、のちに設置されるおだがいさまＦＭの前身であり、放送の基本方針が引き継がれているからである。ここでは、ビッグパレット内の収容避難所が閉鎖された後に、被災地ではなく避難地に特例として設置されたおだがいさまＦＭが開局に至った経緯と、さらにはおだがいさまＦＭが入っている富岡町社会福祉協議会のおだがいさまセンターの内部、ならびにその一角に設置されたおだがいさまＦＭの事務所兼スタジオについて紹介する。次に、全国各地に避難している町民のために提供している情報の内容と、そのために制作している番組について考察し、そうした番組が被災者にどのような影響を与え、臨災局としてのおだがいさまＦＭがどのような役割を果たしているのかについて明らかにしたい。

調査は、三つの方法によっておこなった。一つ目は、富岡町社会福祉協議会職員で、おだがいさまＦＭのパーソナリティーを務めている吉田恵子、パーソナリティーの久保田彩乃、そしておだがいさまＦＭのスタッフなどに聞き取りをおこなった。また番組収録にも立ち会い、番組の出演者にも聞き取りをおこなっている。二つ目は、おだがいさまＦＭが被災地ではなく、異例のケースとして避難地に設置されたことに注目して、新聞と雑誌に掲載された関連記事を調査した。三つ目は、講演会やシンポジウム、学会、研究会での吉田恵子の発言を対象にした調査である。筆者本人がそうした講演会やシンポジウム、学会に出席した場合には、許可を得たうえで録音し、調査資料とした。

1 富岡町の概要

東日本大震災以前の富岡町

前述のように、福島県には会津、中通り、浜通りの三つの地域があるが、富岡町はその浜通りのほぼ中央に位置し、太平洋に臨んでいる。面積は、六十九・三五平方キロメートルである。気候は、年間平均気温が一二・二度で寒暖の差が少なく、東北の湘南と呼ばれる。二〇一〇年の人口は一万五千九百六十七人（福島県調査）だったが、東日本大震災後の一一年には一万四千八百四十七人となり、その後も減少を続けていて、一四年には一万四千百六十二人になっている。

東日本大震災以後の富岡町

富岡町は、地震と津波に加え、原発事故によって複合的な災害に見舞われた。会津、中通り、浜通りの三地区で、二〇一六年までに明らかになった死者数を比較すると、中通りの直接死は三十六人、震災関連死（復興庁の定義では、「東日本大震災による負傷の悪化などにより死亡し、災害弔慰金の支給等に関する法律に基づき、当該災害弔慰金の支給対象となった者」、あるいは、県または市町村が震災を経て災害関連死を認定した者）は六十九人、死亡届などは三人、合わせて死者数は百八人となっている。会津の直接死は一人、関連死は三人、死亡届などはなく、死者数合わせて四人である。一方、浜通りの直接死は、千五百六十七人、関連死は二千九人、死亡届などは二百二十一人で合わせて三千七百九十七人となっている。このように、県内の死者数は浜通りに偏っている。富岡町は死者数が十八人だが、関連死は計三百五十七人であり、南相馬市の四百八十六人、浪江町の三百九十人に次いで浜通りのなかでは三番目に多かった(1)。

それでは、なぜ浜通りに関連死が多いのか。復興庁は、二〇一二年三月三十一日現在で震災関連死者数が多い市町村と、原発事故で避難指示が出された市町村の千二百六十三人を対象に原因を調査した。原因別（複数選択）では、「避難所等における生活の肉体・精神疲労」によるものが約三〇％、次いで「避難所等への移動中の肉体・精神的疲労」と「病院の機能停止による初期治療の遅れ等」が同じく約二〇％だった。

こうした結果から考えられる福島県の関連死の原因は、多くの場合、原発事故に伴う避難生活などによる肉体・精神疲労から生じているのではないかと復興庁ではみている。(2)

全町民が避難対象

富岡町は町内全域が福島第一原発から二十キロ圏内に入るため、二〇一一年四月十四日午前〇時に警戒区域に指定され、町内全域が立ち入り禁止になった。三月十一日から四月二十二日までの経緯をまとめて列挙する。

全町民に避難指示が出されたことで、町民の避難先は福島県内が約一万人、県外と海外が約五千人となった。二〇一七年四月一日現在では、福島県内五十九市町村のうち四十五市町村に富岡町民が避難していた。なかでも避難者数が多いのは、いわき市の六千六十六人、次いで郡山市の二千六百三十二人、福島市の三百五十一人、三春町の二百四十九人、田村市の百六十七人、大玉村の百六十一人、会津若松市の百四十六人、広野町の百三十九人、南相馬市の百三十八人、白河市の百二人、須賀川市の八十三人、相馬市の五十八人などとなっている。なお富岡町の応急仮設住宅は、郡山市、いわき市、三春町、大玉村の五市町村に設置された。また福島県外に避難先を求めた町民（二〇一七年四月一日現在）は四千二百四十七人で、四十七都道府県以外に海外にも避難。多くの町民が避難生活をしている都道府県は、東京都の六百九十七人、茨城県の六百五十二人、埼玉県の五百三十一人、千葉県の四百四十八人、神奈川県の三百九十三人と、関東地方の一都六県に集中していて、合わせて三千四十九人、全町民の七四・〇％にのぼる。他の都道府県では、新潟県の二百六十人、宮城県の二百五十八人、栃木県の二百三十三人、群馬県の九十五人、北海道の六十七人、長野県の五十四人だった。

表8　東日本大震災への富岡町の対応

3月11日	14:46	三陸沖を震源とする東北地方太平洋沖地震（震度6強、M9.0）発生
	14:50	富岡町災害対策本部設置
		大津波警報が発令され、町内避難所を開設するとともに、防災無線と巡回パトロールによって沿岸地域住民を誘導
	19:03	原子力緊急事態宣言発令（福島第一原子力発電所）
	21:23	内閣総理大臣から福島県、大熊町長と双葉町長に対して、原子力災害対策特別措置法の規定に基づき指示
		・福島第一原発から半径3キロ圏内の住民に対する避難指示
		・半径10キロ圏内の住民に対して、屋内退避指示
12日	5:32	内閣総理大臣の指示によって、福島第一原発半径10キロ圏内の住民に対する避難指示
		内閣総理大臣から福島県知事、広野町長、楢葉町長、富岡町長に対し、原子力災害対策特別措置法の規定に基づき指示
		・福島第二原発から半径3キロ圏内の住民に対する避難指示
		・福島第二原発半径10キロ圏内の住民に対する屋内退避指示
		・バス、自家用車による川内村への避難実施
		・その他、中通り方面への避難
		・富岡町、川内村合同災害対策本部設置
	10:17	福島第一原発でベント開始
	15:36	福島第一原発1号機で水素爆発
	18:25	内閣総理大臣指示
		・福島第一原発から半径20キロ圏内の住民に対する屋内退避指示
13日	5:22	福島第一原発3号機への海水注入開始
	13:12	福島第一原発3号機で水素爆発
14日	11:01	福島第一原発3号機で水素爆発
15日	11:00	内閣総理大臣が福島第一原発の避難区域の指示
		・福島第一原発から半径20キロから30キロ圏内の住民に対する屋内退避指示
16日		午前、川内村から郡山市の福島県産業交流館（ビッグパレットふくしま）への住民移動、避難実施
4月14日		富岡町役場郡山出張所を避難先のビッグパレット内に開設
22日	0:00	福島第一原発半径20キロ圏内を警戒区域に指示、富岡町の町内全域が指定された

富岡町は二〇一一年四月二十二日に警戒区域に指定された。その後、警戒区域の見直しが一三年三月二十五日におこなわれ、空間線量分布図をもとに、帰還困難区域、居住制限区域、避難指示解除準備区域の三区域に再編された。そして一六年八月十六日当時でもなお、避難指示解除準備区域、居住制限区域、帰還困難区域の三つに

写真8　津波に襲われたJR富岡駅

分けられていた。そのそれぞれの住民登録人口（二〇一六年八月十六日現在）は、避難指示解除準備区域は千三百三十八人（四百九十三世帯）、居住制限区域は八千三百四十一人（三千三百六十七世帯）、帰還困難区域は四千四十七人（千六百四十三世帯）となっている。

そして二〇一七年四月一日には、避難指示解除準備区域、居住制限区域が解除された。この解除によって、町内の居住者は一七年五月一日現在で百二十八人となっている。

町の意向調査

復興庁、福島県、富岡町によって町民の帰還のための環境整備が進められているが、それとは別に環境が整った場合、町に戻る意思をもっている町民がどのくらいいるか、また、戻る条件についてどのように考えているのかなどを調べるため、震災から一年後の二〇一二年から一六年まで町民の帰還意向調査を五度おこなっている。

二〇一二年度の調査対象は一万三千百九十一人、回答者は七千六百三十四人で、回収率が五七・九％だった。一三年度は、対象世帯が七千百五十一世帯、回答数は三千八百六十六世帯で五四・一％の回収率だった。一四年度は調査対象が七千七百七十五世帯、回答数は三千九百七十九世帯で五一・二

写真9　帰還困難地域内の家の前にはバリケードが設置されている

%、一五年度は、調査対象が七千七十六世帯、調査時期が八月三日から十七日、調査方法は郵送配布・郵送回収で、回答数は三千六百三十五世帯で回収率は五一・四%だった。一六年度は、調査対象が七千四十世帯、調査時期が八月一日から十五日、調査方法は郵送配布・郵送回収で、回答数は三千二百五十七世帯で回収率は四六・三%となっている。

二〇一二年度は「戻りたい」が一五・六%だったが、一三年度には一二・〇%に減少。一四年度は一一・九%と二年連続で減少した。しかし一五年度の調査では、一三年度の減少から一転して、一三・九%と二ポイント増加した。そして一六年度は一六・〇%と二年連続で増え、一五年度調査に比べ二・一ポイント増えた。

しかし、その一方で「戻らない」は年々増え続けていて、二〇一二年度は四〇・〇%だったのが、一三年度は四六・二%、一四年度は四九・四%、一五年度は五〇・八%と半数を超え、一六年度はさらに増えて五七・六%になった。

2　おだがいさまFM開局までの経緯

避難所内でのミニFMの開局

原発事故後、富岡町民のうちのおよそ二千六百人はビッグパレットに避難した。郡山市にあるこの多目的ホールは一九九八年に開館し、通常は見本市やコンサート、即売会など大型イベントに使用されていた。多目的展示ホール、コンベンションホール、屋外展示場のほか、中会議室や小会議室、プレゼンテーションルーム、レストラン、駐車場を備えている。

福島県は、最初からこのビッグパレットを避難所として考えていたわけではなかった。原発事故の深刻化に伴い、富岡町と川内村の被災者がバスと自家用車で避難先を求めて半ば強引に押しかけて避難所として利用したもので、むしろ富岡町民が行き着いた場所がビッグパレットだったという言い方のほうが当てはまる。こうした事情もあり、地元の郡山市が支援体制をとることはなかった(3)。当時、福島県文化スポーツ局生涯学習課の職員で、相馬市の避難所で運営支援をおこなっていた天野和彦が、県庁避難所支援チームとしてビッグパレットに出向き避難している富岡町民らの様子を見たとき、そこは目を疑うような状態だったという。

その四月十一日、最初に見た光景に我が目を疑いました。段ボールで区切ったしきりと硬いコンクリートの上に毛布を二、三枚敷いただけのところに多くの方々がじっと身を横たえている。それも通路部分にまでびっしりで、しかも通路も五十センチくらいと、すれ違うのがやっと、ビックパレットふくしまは、もともとイベントホールで非常に広い場所なのですが、四階部分は壊滅的な被害でまったく人が立ち入ることができないほどでしたし、広いホールも危険が大きいということで当初は入れず、結局、一、二、三階の通路も含めた場所に避難してもらっていたんですね。エレベーターもエスカレーターも止まっていたのですが、二階、三階にも障がいをお持ちの方や高齢者、要介護者の方に入っていただかざるを得ない状況でした(4)。

そこで、ビッグパレットの運営は富岡町社会福祉協議会に委託され、富岡町社協は全国から集まったボランティアと避難者とをつなぐ「お互い様」という意味の「おだがいさまセンター」を立ち上げることになる。

「おだがいさまセンター」は、正式には生活支援ボランティアセンターという名前で、これまでのボランティアセンターと似て非なるものなのは、外部支援の要請を行い、団体や機関、個人がボランティアでサービスを提供してくださるだけでなく、もう一方で内部、つまり入所者に向けて働きかけ、交流の場を提供するんですね。「喫茶を運営してみませんか」とか、入所者の方々が入所者の方々にサービスを提供し合うのです。まさに「おだがいさま」なんですね。(5)

「おだがいさまセンター」では、「食べる」「並ぶ」「寝る」ことしかないような避難生活のなかでも少しでも快適に過ごしてもらうために、誰もが利用できる喫茶コーナーを設けた。(6)さらに館内に「女性専用スペース」を作り、女性の着替え、乳児の授乳、女性特有の悩みの相談などができる場所を確保した。

このように館内の避難生活の環境を整えながらも、問題は自衛隊との交流といったビッグパレット内でおこなわれるイベント情報などの共有化だった。(7)およそ二千六百人の避難民に向けた情報共有のシステム構築は容易ではない。緊急措置として、広報紙「みでやっぺ！ おだがいさまセンター（ビッグパレットふくしま生活支援ボランティアセンター）情報紙」(8)をおよそ二千部発行したものの、突然の避難で老眼鏡を持っていない高齢者が多く、文字が読みづらいというクレームがあるなど情報の共有化は進まなかった。(9)館内放送の利用も試みたが、うまくいかなかった。(10)そこで考案されたのがラジオ局だった。そのヒントは、実は支援物資のなかにあった。ラジオである。こうしてふくしまFMの技術的協力などを得て館内専用の微弱電波で、免許がいらないミニFM(11)を五月二十七日に開局したのである。スタジオは、一階の入り口近くのエントランスホールに、避難者がプライベートを確保するために間仕切り用に使った段ボールのあまりでこしらえた（写真10、11を参照）。放送時間は平日の午後七時から九時までの二時間だけ。「放送する情報は、ビッグパレットのなかでおこなわれるようなイベントやお昼時間のお知らせや、メニューだった」(12)。こうして、課題だった情報共有が実現したのである。ところがこのミニＦＭは、情報を伝えることよりも、むしろ避難所の雰囲気を変えることに役立った。これは運営者からすると予想外の展開だった。

どのようなことが起きたのかというと、避難者とラジオスタッフが直接コミュニケーションをとるようになったのである。ビッグパレットの運営を委託されていた富岡町社協の職員で、自らも避難生活をしていた吉田恵子は、そうしたコミュニケーションで避難者たちの雰囲気が変わったと話す。「ラジオは一人一人に配布してありますので、聞くことができるんですが、どういうわけかラジオを見にくる人が多くて、なんだこれという、放送時間になると人が集まってくるんですね。最初はまじめな話をしていたんですが、三日目に笑わせるようなことを誰かが言ったんです。そうすると、大きな笑い声がその会場のなかで出たんですね。避難所ですので、しんみり、みんながひそひそ、声をたてないで、他人に迷惑をかけないようにひっそりと過ごすのが避難所だとみんな思っていたんだと思います。ところが、おもしろいことを言ったことからすごい笑い声が起きたというのは、みんな笑いたかったのかと思いました[13]」

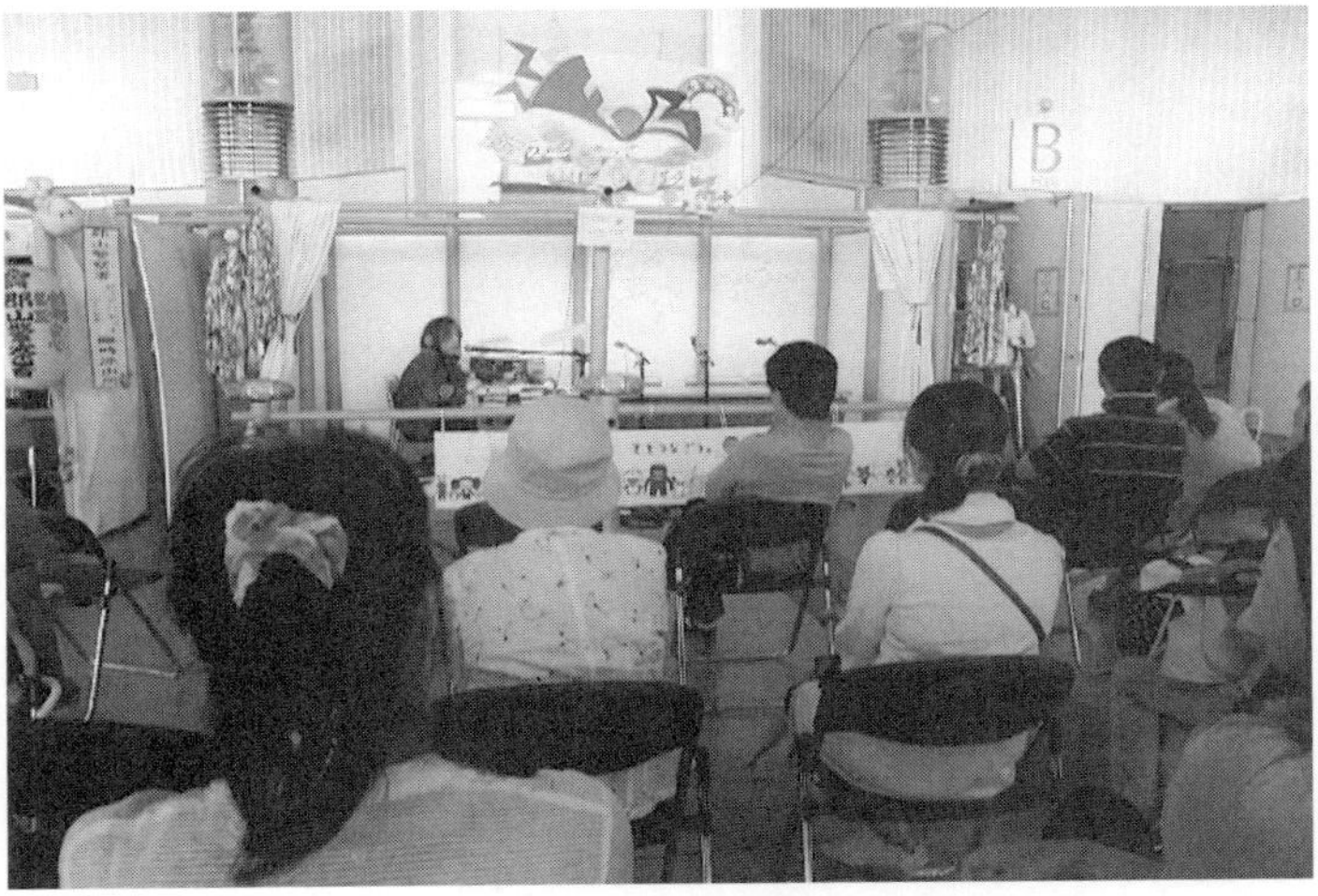

写真10　コミュニケーション広場化したミニＦＭのスタジオ前
〔写真提供：富岡町生活支援復興支援おだがいさまセンター〕

ここで吉田の経歴についてふれておきたい。吉田は富岡町出身で、一九八九年に富岡町社協に入り、ボランティアの仲介とケアマネジャーをしていた。当時、ミニＦＭのパ

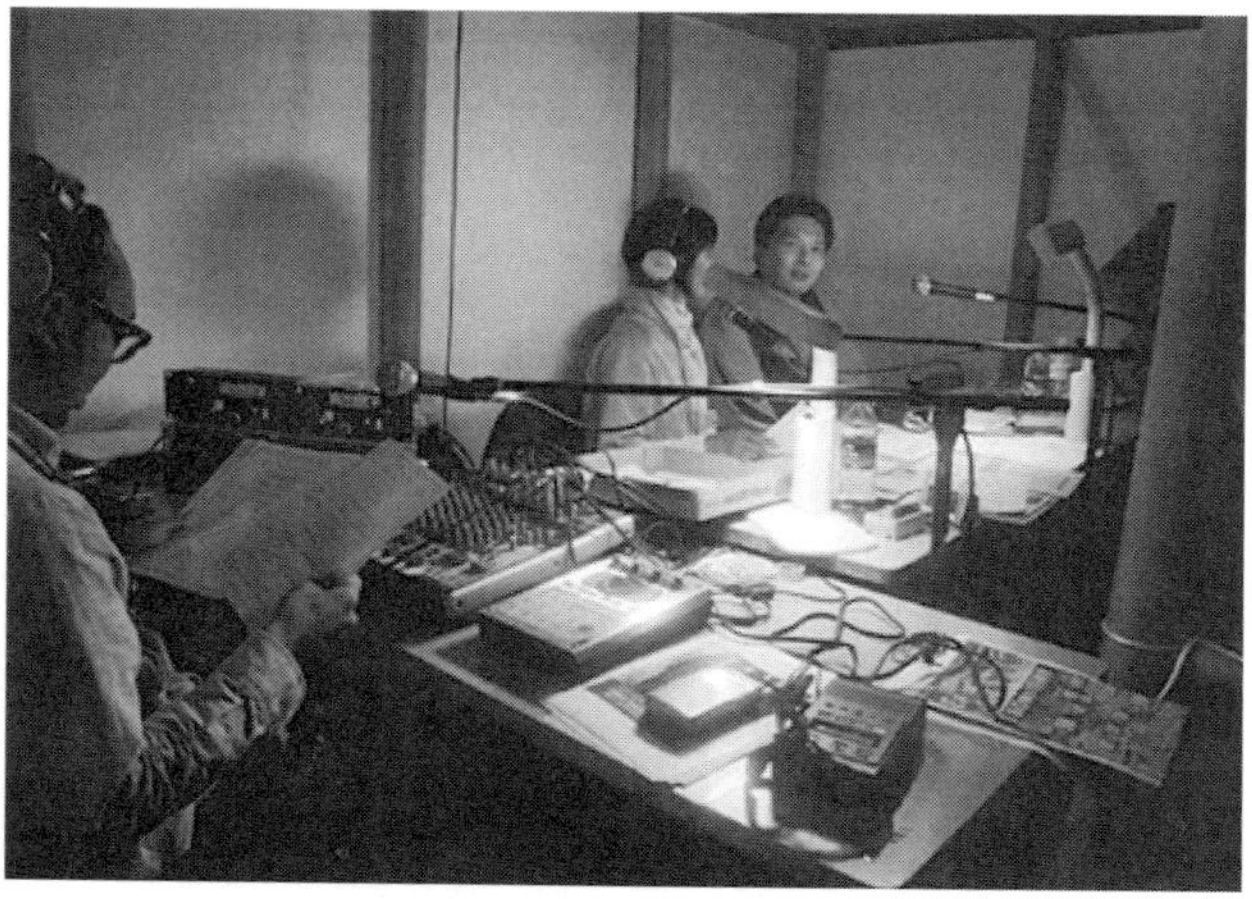

写真11　放送席は避難所の仕切り壁で製作
〔写真提供：富岡町生活支援復興支援おだがいさまセンター〕

ーソナリティーはラジオ福島のアナウンサーが務めていたが、町のことや富岡の言葉を聞きたいという避難者からの要望もあり、ミニFMの裏方スタッフとして働いていた吉田が富岡町出身だということもあって、パーソナリティーになったのである。吉田はそれまでパーソナリティーの経験はなかったが、「小学校五年生から高校三年生まで放送委員会にいたので、校内放送をずっとやっていたんです[14]」と述べているように、マイクの前に座ることは苦にならなかったようだ。

このミニFMの思わぬ効果で避難所の雰囲気が変わったのだが、ではそれまでのビッグパレットの雰囲気はどうだったのだろうか。震災直後から町民を避難のために誘導し、バスの運転もおこなっていた佐藤勝夫は、その後、おだがいさまFMの番組で方言を使ったフリートーク番組『んだっぺトーク』を担当するようになったが、その佐藤は、当初のビッグパレットの様子を次のように話している。「富岡町の場合はなにも（情報が）なかった。とにかく逃げろって。でも逃げろって言われても、二、三日で帰ってくると思っていたから、着の身着のままだから、大熊町の人たちは、余裕があって、富岡町の人たちは違って。ところが、だんだんと状況がおかしくなってしまって、（略）そしてビッグパレットに来た。ビッグパレットでは雑魚寝だわな。そしてけんかは絶えない。けんかの仲裁に入った役場職員にも「なにやってんだ」って、食ってかかる[15]」。佐藤が話すように、ビッグパレットに来たばかりのときは、町民らはストレスが頂点に達していた状態で、酒を飲んで大声を出す人もいたり、警察官がけんかの仲裁に入るようなこともあったという。

ところで、ミニFMの放送が始まるころになると、必ず人が集まるようになったのはなぜなのだろう。もともとこのラジオ局を立ち上げた目的は情報の共有化だった。ラジオが物珍しかったからなのか、単に人の出入りが激しい一階の入り口近くの場所に設置したからなのか、理由はわからない。だが、放送時間になるとスタジオの前に人が集まり、そこで、「笑い」という情報交換がおこなわれたことだけは確かである。以来、日を重ねるごとに、スタジオの前には見学者が増え、交換される情報は「笑い」ばかりではなく、ときにはパーソナリティーが地名などを言い間違えると、ヤジが飛んだり、さらには当時の町長・遠藤勝也[16]が出演したときには、放送中にもかかわらず、「何年後に町へ戻れるのか」などとその場で直接町長に質問する人まで出てきた。[17]スタジオの前が、パーソナリティーや出演者、そしてリスナーとのコミュニケーションの広場と化していったのである。

ミニFMスタッフと避難者との間で交わされたコミュニケーションの構図を、ここで整理してみよう。まず送り手であるミニFMが、「笑い話」を情報として発信すると、避難者がそれを受け止める。すると、受け手だった被災者が次は送り手の立場になって「笑い声」を情報として発信する。それまで送り手だったミニFMは「笑い声」という情報を受信する受け手になり、また「笑い話」を返すという情報のサイクルが成立した。「笑い話」と「笑い声」をめぐって、送り手だったミニFMが受け手となり、受け手だった避難者が送り手となるという、双方向の情報交換がおこなわれたのである。ミニFMが設置された場所が、会議室のような閉じた空間でなかったことも、双方向の情報交換が可能になった要因だったと思われる。情報を交換することで、送り手と受け手が入れ替わるのと同時に、ラジオのスタッフらは、目の前で見学している避難者との会話から、彼らがどんな情報や笑い話を欲しているのかというニーズを発掘するきっかけを得ることができた。情報の共有化を目的に立ち上げたミニFMが、情報のニーズを発掘する装置になったのである。ビッグパレットでミニFMの放送を経験した吉田は、このような双方向のラジオ局運営をめざしたいと考えるようになった。この経験から、その後に設置された富岡町の臨災局であるおだがいさまFMの設置場所は、クローズドではなく、このミニFMのようにオープンな場所であることにこだわったのである。

「町をもたない自治体」の臨災局が開局

避難場所としてのビッグパレットは二〇一一年八月三十一日に閉鎖され、避難者はさまざまな市町村に建設された仮設住宅などに入居していった。ビッグパレットの収容避難所の閉鎖に伴い、ミニFMも閉局した。そしてビッグパレット内の生活支援ボランティアセンター「おだがいさまセンター」は、福島県郡山市富田町若宮前の応急仮設住宅内に設置されることになった。この応急仮設住宅には、富岡町のほか、川内村と双葉町の住民約五百世帯が入居した。「おだがいさまセンター」は、その仮設住宅のほぼ中央に位置し、敷地面積約三百三十平方メートルで、建物のなかには富岡町社協の事務所と調理実習室、交流スペースが設けられた。

その交流スペースには、ビッグパレットで定期的に交流イベントとして開かれていた喫茶が同じように開かれたほか、体操教室など趣味のサークルの各種イベントもおこなわれた[18]。また、富岡町社協が主催するイベントなど、ビッグパレット内でおこなわれていたイベントは、それぞれ「おだがいさまセンター」がおこなうものとして引き継がれたが、ラジオ局は閉局したままだった。ミニFMでパーソナリティーを務めていた富岡町社協の吉田のもとには、ビッグパレット当時のミニFMを懐かしんで、ラジオ局の再開を望む声が多く届いていた[19]。吉田は、臨災局という災害FMがあることを新聞などを読んで知っていた。そこで、電波を管理する総務省に直談判して富岡町の臨災局の設置を求めたが、被災地以外での設置は事例がなく、総務省東北総合通信局は設置には消極的だった。しかし原発避難の特例[20]として法的に問題はないという判断が下り、初のケースとして避難先での臨災局が設置されることになった。開局は震災から一年後の二〇一二年三月十一日だった。場所は、被災者と交流することができ、被災者が集まることができる場所という吉田の要望のとおり、「おだがいさまセンター」内に設置することが決まった。こうして、「町をもたない自治体[21]」に異例の臨災局が開局することになった。

3　おだがいさまＦＭの日常

交流スペースのなかのスタジオ

おだがいさまＦＭのスタジオは、「おだがいさまセンター」の一角に設けられた。広さはおよそ約十六平方メートルあまりで、ゲスト席が二席、パーソナリティー席と放送の音量を調節するデスク兼用の席が一席ある。事務所とは壁で仕切っているが、交流スペースとの間には開閉可能なガラス戸一枚しかない。だから放送中にも誰もが気軽に声をかけることが可能だ。避難所のビッグパレットに設置されていたミニＦＭは、一階のエントランスホールにスタジオが設けられ、放送中であっても見学にきた入所者たちとたびたびコミュニケーションをおこなっていた。このおだがいさまＦＭも、同じように交流スペースにきた人たちと、放送中であっても話すことができるように作ってある。

写真12　交流スペースからみたスタジオ（右奥）

一日三回の生放送

おだがいさまＦＭは、町役場からの委託によって富岡町社協が運営している。開局した当初は、夜の午後七時から九時までの二時間番組しかなかったが、三カ月後に朝の番組が始まり、二〇一四年四月からは昼の番組も始まった。一七年四月一日当時、月曜日から金曜日までは、朝八時から九時までの『おだがいさまさわやかモーニング』、昼十二時から十二時三十分までの『お昼だよ！おだがいさま！』、夕方五時三十分から午後七時三十分までの『おだがいさまラジオランド』と、一日三時間半の生放送がおこなわれていた。

タブレット端末の導入

震災後は、時間の経過とともに「町の情報をリアルタイムで求める声が日増しに高まっていった」[22]。しかし、町民の避難先は全国に散らばっているので、こうした要望に応えるため広報誌を配布するのは不可能に近い。しかも、原発事故からの復興計画の工程を考えると、避難生活は長期にわたると考えられることから、富岡町では、取り扱いが簡単なタブレット端末を町民に配布する[23]ことに決めた[24]。このタブレットはデジタル・フォトフレームと同様に電話回線を使用するもので、携帯電話が使用可能な場所であればどこでも使うことができ、高齢者向けに文字も大きくなっている。タブレット端末機器メーカーからの寄付で台数をそろえ、ソフト開発などの経費は総務省「ICT地域のきずな再生・強化事業」の補助金を利用した。一世帯あたり一台とし、約三千七百台（二〇一四年七月当時）を配布した。タブレットの初期画面では、①重要なお知らせ、②イベントカレンダー、③町からのお知らせ、④動画配信、⑤インターネット、⑥ライブカメラ、⑦よくある相談、⑧放射線量情報、⑨アンケート、⑩コミュニティ広場、の十個のメニューを表示している（写真13を参照）。

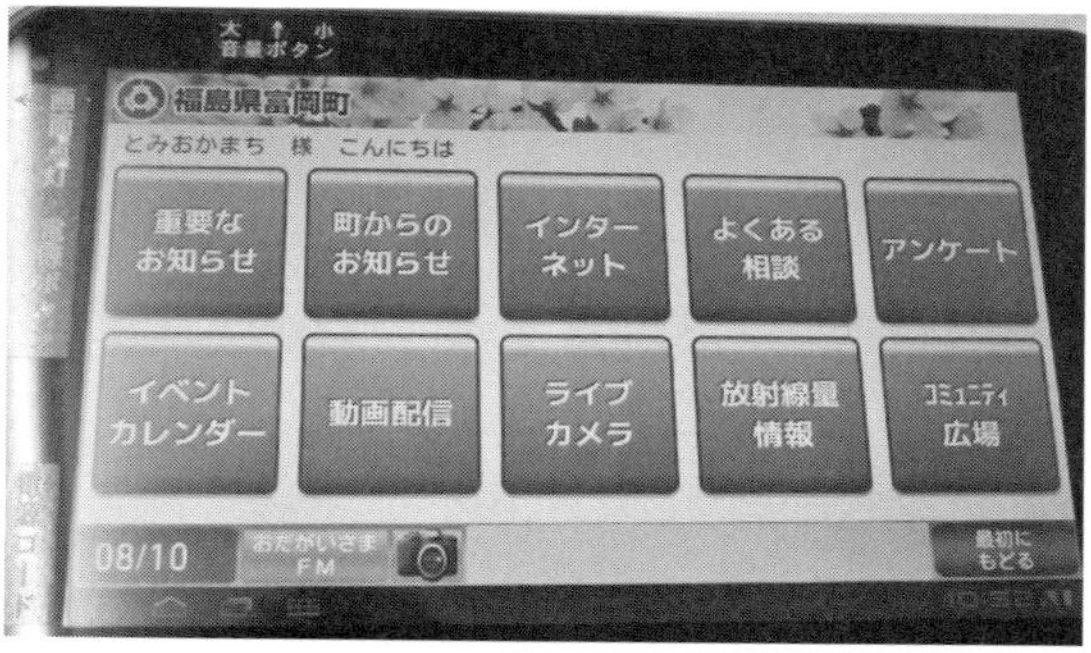

写真13　タブレットの初期画面

例えば、町への質問などを整理したFAQ集「よくある相談」、町の二十五カ所の様子をリアルタイムで見ることができる「ライブカメラ」、各地の放射線量がわかる「放射線量情報」といったメニューがある。さらにこの十個のメニューのほかに、画面下部におだがいさまFMのボタンがあり、電話回線で全国どこからでもリアルタイムでおだがいさまFMを聞くことができる機能が備わっている。富岡町の情報やおだがいさまFMはパソコンやスマートフォンで聞くこともできる。だがそれでもわざわざタブレットを用意したのは、操作がずっと簡単だからで、これには町民の高齢化が背景にあることは言うまでもない。

４　臨災局としてのおだがいさまＦＭ

「町を失った町民」への情報提供

番組の具体的な内容は、原則としてそれぞれのパーソナリティーに任せられている。吉田の場合は自分がパーソナリティーとして番組を担当する際、次のようなことを念頭に置いているという。「まずは富岡町を思い出させる。忘れさせないために話す。それが一つですね。風景や場所だったり。あとは人を思い出せる放送。わざと人の名前を出させる。誰かと一緒にどこかに行ったならば、他のどんな人と行ったのか、誰と行ったのかと人の名前を出してもらう。すると元気で生活していることがわかる。あとは言葉。富岡の言葉を残していく。大阪と福岡とかバラバラなので、言葉がちがうと孤立しているように思う人が多い(25)」。「人の名前を出させる」ようにしたことで、ひとつにはこんなことがあった。二〇一三年五月三日のゴールデンウイークの特別番組で、全国各地に避難している富岡町民に電話をして、近況を訪ねるというコーナーでのことだった。パーソナリティーの久保田彩乃が、いまは埼玉県春日部市に避難しているが以前は富岡町社協で介護ヘルパーをしていたＡさんと話しているときだった。その放送を仮設住宅で聞いたＢさんが突然スタジオにやってきた。

Ｂさん「ラジオを聞いていたら、春香ちゃんって思ってぶっ飛んできたんだ」

Ａさん「ありがとうございます」

Ｂさん「私も埼玉にいたんだよ。春日部も通ったわよ」

Aさん「ああ、そうですか」
Bさん「でも、さみしくて、一年ほど前、この仮設住宅に帰って来たの、元気そうでなによりです[26]」

Bさんは、おだがいさまFMがある仮設住宅群で暮らしていて、ラジオを聞いていたところ知人の声が聞こえたため、慌ててスタジオがある「おだがいさまセンター」に来たのである。富岡町社協の職員に事情を話して、スタジオのなかに入れてもらい、それに気がついたパーソナリティーが急に電話口にBさんを出したのだった。この再会は、ラジオが介在することで可能になった。吉田が言うように、「人の名前を出させる」ということは、名前という情報を発信することである。その情報を知人が受け取り、おだがいさまFMを通じて二人が話したことは、新たな情報が双方向に動いたことを示している。

しかし一方で、こんな悩みもある。久保田彩乃は郡山市出身で、二〇〇八年から一一年まで秋田放送でパーソナリティーを務め、一三年三月から富岡町社協の臨時職員としておだがいさまFMのパーソナリティーを務めているが、情報発信の内容など、最初は戸惑ったという。このおだがいさまFMは、富岡町民のために富岡の情報を届けるのだが、ラジオ局自体は郡山にある。聞いている人も、その多くは全国各地に散らばっている。例えば、郡山で開催されるイベントなどを、別の地域で聞いている町民に向けて発信したところで、はたしてどれほど意味があるのか、また、地震や大雨・洪水など郡山でなにか災害が起きたときに、「ここでなにを放送すれば意味があるのか[27]」と考え込んだという。久保田が悩むように、おだがいさまFMは富岡町の臨災局でありながら、郡山市内にあり、リスナーも全国各地にいるのだから、この状況で何を伝えればいいのかは大きな問題だ。この点が、通常の臨災局とまったく異なる点である。天気予報一つとっても、どの地域の天気予報をやればいいのか悩まざるをえない。久保田は「熊本県内にも富岡町民が避難しているので、この郡山市から熊本地震のことを流そうと思いました[28]」と話す。いまでは吉田と相談して、福島県内震度四以上の地震のときは放送内で対応しようと話しているという。「町をもたない自治体」のラジオ局ゆえの、「町を失った町民」への情報提供につきまとう悩みである。

『どうも〜元気でいっぱがな』方言番組が意味するところ

おだがいさまＦＭは、二つの方言番組を制作している。これらは、前述したように吉田が番組制作のうえで念頭に置いている「富岡の言葉を使うことで、孤独感を解消してもらう[29]」という趣旨から制作したものである。「大阪に住んでいる北村さんという人が、周りの人が、全部、当たり前ですが関西弁で、寂しくてしょうがないという電話がおだがいさまＦＭにあったんだそうです[30]」。方言番組を担当している遠藤祝穂は、二〇一二年七月ごろに吉田から番組出演を依頼されたときのエピソードとして、そんな話を覚えていた。

番組表には載っていないが、方言番組の一つに、二〇一三年八月から始まった『んだっぺトーク』という番組がある。毎月第三水曜日の午後五時三十分から午後七時三十分まで放送する『おだがいさまラジオランド』のスペシャル版である。担当パーソナリティーは吉田と、ＮＰＯ富岡町さくらスポーツクラブ理事で仮設住宅の集会場を回りながら体操教室を開いている佐藤勝夫の二人である。番組は、富岡の方言を使って進めていく。吉田と佐藤は生まれも育ちも富岡町だ。佐藤が開いている体操教室では、「んだっぺ」「んだなあ」「そうだべぇ」と方言が飛び交い、笑いであふれている。体操を習うことよりも、佐藤の方言を使った巧みな会話を楽しみにしている人が多いという[31]。高齢者たちには、方言などで笑わせてくれると評判の先生なのだ。その佐藤が、吉田とともに町の昔話やイベントなどを富岡弁で紹介するフリートークの生番組である。

おだがいさまＦＭの吉田から『んだっぺトーク』という番組があるんだけどしゃべってくれと言われた。俺でいいのかって言ったら、いいって。始めてみると、体操教室に行くと、「佐藤さん聞いているよ」なんてね。「ながながおもしれって」。なまっているからというか、そのまんまの言葉なんで、堅苦しくなくしゃべっているのが、やっぱ恋しいんだと思う。（略）昔の話をすると、「いがったぞ」って言ってくれる。私はずっと富岡から出たことがないので、もう六十歳になりますが、そのへんが吉田君の目の付けどころがいかったなんて。

（略）富岡町のいまの状況、難しい政治の話はしないんです。下ネタもタブーです。そこは気をつけてないと、やっぱこうなるとだんなさんのいない人、奥さんのいない人、それは十分気をつけないと。[32]

おだがいさまFMのもう一つの方言番組は、毎朝八時から九時までの『おだがいさまさわやかモーニング』のなかで放送される「ノリオの昔話」である。この番組を担当する遠藤祝穂は、震災前は富岡町消防署員だったが、福島県民俗学会の会員でもあり、民話や習俗に詳しい。富岡町の民話や昔話、伝説、季節の行事、生活様式、名字・苗字の歴史などについて、一回約三分の放送時間を一人で語る。番組は録音で、読み上げる原稿は自ら書いた「ノリオの昔話」である。あくまでも昔の話が中心で、地震や津波、原発事故のことには一切ふれない。二〇一六年九月末の時点で、遠藤に新たな録音をする時間がなくなってしまっていて、過去に放送したものの再放送を繰り返していた。

現在、原稿が残っているのは放送四百四十二本分だが、分析するためにそのタイトルを『日本民俗大辞典』[33]の分類方法を参考にして十二項目に分けた。遠藤は、昔話の分類について明確な定義をもっているわけではないが、例えば、原稿の冒頭に「今日は、富岡を代表する昔話～」などと書いてある場合は、内容と照らし合わせて分類した。分類の項目は以下のとおりである。①生活様式（生活状況、慣習、規範、生活行事など）、②昔話（世間話とともに民間に伝えられてきた説話[34]と遠藤自身が原稿で昔話と定義しているもの）、③季節話（季節にまつわるものなど）、④由来（何から起こり、どのようにして現在まで伝えられてきたのかなど）、⑤言葉（方言など）、⑥民話（民間に口頭伝承されてきた散文形態の口頭伝承または口承文芸の話の総称[35]と遠藤自身が民話と定義しているもの）、⑦名字の歴史（名字の由来と遠藤自身が苗字と区別して記述しているもの）、⑧伝説（言われ、言い伝えなどと称され、土地に根ざして伝承されてきたものと遠藤自身が伝説と定義しているもの）、⑨苗字の歴史（苗字の由来と遠藤自身が名字と区別して記述しているもの）、⑩遺跡（町の遺跡に関する記述）、⑪偉人伝（偉人の伝記と遠藤自身が偉人と定義した人に関するもの）、⑫その他（どれにも属さないもの）、である。

最も多かったのは、「生活様式」の百一本（二二・九％）だった。以下、「昔話」の八十六（一九・五％）、「季節話」の六十七（一五・二％）、「由来」の四十六（一〇・四％）、「言葉」の二十八（六・三％）、「民話」の二十七（六・一％）、「名字の歴史」の十九（四・三％）、「伝説」の十七（三・八％）、「苗字の歴史」の十六（三・六％）、「遺跡」の十（二・三％）、「偉人伝」の九（二・〇％）、「その他」の十六（三・六％）となっている。

例として、三本の放送の原稿を引用してみよう。まず最初は、⑥「民話」に分類される「民話・ムグロばたけの金平六《こんぺいろく》」である。なお、放送日、原稿執筆日は記録がないので不明である。

みなさん。どうも～元気でいっぱがな。手岡の大倉三郎です。いま日は、前に話したことあっかどうがわがんにぇげんちょも、まだ狐の話で手岡の有名な狐の話、「ムグロばたけの金平六《こんぺいろく》」っちゅう昔話喋ってみっかんない。昔～し、手岡のムグロばたけっちゅうどごさの金平六《こんぺいろく》っちゅう、えれぃ狐の親分がいだったんだど。金平六《こんぺいろく》はいらぐ化げんのがんまくて、ほっちこっちさいって人ごど化がしたり、化くらべの試合《しえい》なんかしていだったんだど。

ある時、金平六《こんぺいろく》は仙台《せんでぃ》の竹駒様の狐さ試合《しえい》申し込んだったんだど。竹駒様の狐は「ほんじェは、オラは仙《せん》台《でぃ》さまのお行列《ぎょれつ》さ化げでんからまってでケロ」っていってよごしたもんだがら、「よ～し、ほんじゃゆっくりどまってで試合《しえい》しっか」って言《ゆ》って待っていだんだど。ほんだげんちょも、いずまでたってもこねぃもんだがら、金平六《こんぺいろく》は「ヤロ！おれごどおっかなぐなってこねのがな」って言《ゆ》っていだら、ほのうじ来ただしけな、仙台《せんでぃ》さまのお行列《ぎょれつ》が。

金平六《こんぺいろく》は、「いやいや」、よぉやっと来たわい」どってほの行列が目の前さくんのをまっちぇで、「いや～、いやんでまっちぇだげんちょも、来ねのがどもった」って言《ゆ》ってほの行列の前《めぇ》さ出でいったら、「無礼者」

って言《ゆ》わっちぇ金平六《こんぺいろく》はたまげっちゃったんだど。ほれ、ほの行列は、ほんとの仙台《せんでぃ》さまのお行列《ぎょれづ》だったんだど。んじゃがら、金平六《こんぺいろく》は竹駒様の狐さ、ばがんさっちゃっていうがほの試合《しえぃ》さ負《まげ》たんだった話だ。ほん時に金平六《こんぺいろく》は斬らっちゃちゅう話もあっけんょもな。

いゃ～、金平六《こんぺいろく》もたまげだっタッペナ～。まさが、本物のお行列《ぎょれづ》だどは思わねがったっぺがんな。

ほれ、んだがら、あんましいい気になって調子こぐとひどい目さらって駄目なんだわな。ほんじゃ、今日も聞いでくれてありがとございました。[36]

「手岡の大倉三郎」の「手岡」とは、遠藤の富岡町の自宅がある場所の地名で、「大倉三郎」はペンネームである。ほかの人が読むわけではないにもかかわらず、忠実に方言を表現しようと丁寧に漢字にふりがなを振っている。また、「昔」という漢字に濁点を振っている。これはミスプリントではなく、「むがじ」と濁音で読むという印である。そのほか、試合は「しえぃ」、仙台は「せんでぃ」、行列は「ぎょれづ」と発音するようにふりがなを振っている。ただ、イントネーションは文字では表現できないため、ここでは方言がもっているニュアンスを伝えるには限界がある。ただ、遠藤が読むと方言特有のイントネーションが加わり、ここで記した文字以上に富岡町民には、富岡の方言らしい音になって聞こえているのだろう。

次に紹介するのは、①「生活様式」に分類される「味噌造り」である

みなさん元気にしてっぺな～。わだしも喜多方で、植木屋だり畑の手入れだり毎日いろいろなごど適当にやってっから、適当にいいやんべ～に」やってんのがストレスもたまんねぃでいいみでぃだな。これ。

ところで、今日は、ほれ、今までだったど、いっつも今ごろは味噌の仕込み、味噌つぎやっていだったたどな。家んの前ででっけぃ釜で豆を煮て、イィヤンベになったころに、臼でついだり、機械さいっちぇついだりしていだったもんだわな。

ほ〜して、ほのついだ味噌を丸めたり四角くしたりして、ほれ、味噌玉っていっていだったものよ。ほんなふうにしてほのましばらくおくとほの味噌玉さ青いカビがはってきて、今度はほれおをほぐして塩と混ぜてねかせてたもんだったげんちょも、あど、糀を混ぜてねかせる方法なんかもあるわな。今の時季、こんなごどもやっていだったげんちょもな。なつかしぐ思うな。

ところで、先に言ったあの「あおかび」張らせるやづよ。今は、かび生いてしまったってゆって嫌う人がいっけんちょもよ。あれは、味噌の発酵になくてはなんねぃものなんだよな。青とか白カビよ。あれ黒いやづだとだめなんだわな。これは、食べ物の昔話としては、ちんと昔何ていうものではなく、もう何千年も大昔から行われてきたことで、ちんと難しい言葉でいうと微生物を利用した微生物学、発酵学という、ほれ、大学できちんとべんきょうしないと出来ないようなことですが、私たちの先祖様は、別にほんな学なんかなくても、経験と知識でこうした味噌づくりをしてきたし、今に伝えているんですよね。こうした微生物を利用した発酵食品は、味噌ばっかしでなく、醤油、酒なんかもありますよね。ほういえば、今流行の「塩こうじ」なんていうものもありますね。こうして、昔の人たちは自然に学んで健康食品を作り、されをたべて健康を維持してきたものなんですよね。

この、発酵食品といわれる食べ物や、大豆製品を毎日食べることによって私たちの健康も維持されるということを、楢葉町出身の食文化、長寿研究家の永山久男先生や、小野町出身で東京農大の教授で微生物発酵学の小泉武男先生もいっています。私たちも、こうした発酵食品をなるべく多く摂って健康管理をしていくようにしたらいいでねいべがな。

ほんじぇは、まだな。[37]

遠藤は、震災後は喜多方市に避難した。避難先では味噌造りをすることはできないが、昔の富岡町のことを思い出しながら、昔と今の生活様式を比較し、昔の人たちの生活の知恵を紹介している。

次に紹介するのは⑤「言葉」に分類される「夕方の挨拶」である。

みなさんど〜も〜。いつもお世話になっております。手岡の大倉三郎です。なんてが！　どれ、ホンジェは。きんにょも前にゆった話のリニューアルしたのをゆったげんちょも、今日もいづだったが、わっせだげんちょも、言葉っちゅうが、方言だげんちょも、夕方のあいさつで『お晩かだ、お晩です』っていうのをしゃべぐったのおぼえでっぺがな。もう一回、そのごどについでしゃべってみっからナィ。

この『お晩かだ』ど『お晩です』って、ほれ、富岡ばっかしでねくて、この放送をきいている川内どが双葉の人たちもゆっていだったど思うげんちょも、まったく暗くなんねぃこと、今の時期は特にそうだと思いますが、『まだあかるい夕方』っていうかその時刻ですよね、その時間には『お晩かだ』ってゆっていだったぺ。んだげんちょも、いまは六時すぎっちど『こんばんは』ってゆってんだわな、これ。テレビなんかでもこういう風に言っているので間違いではねぃど思ぅげんちょも、おれはちんとってっていうが、ちんとどこでねぃぐ違和感をおぼえんだげんちょもよ。これ、『しょうじゅんご』では、夕方になった時にのあいさつ言葉はこの『こんばんは』しかねぃのがなんだがよっくわがんねぃげんちょも、この時間的な区分というかとらえ方では、これまで自分の土地で使っていた、いわゆる方言の夕方のあいさつの方がうんといいでねぃがど、わだしは思っていんだげんちょもな。くどいようだげんちょも、喜多方あだりでも、会津のズーズー弁を使っているくせによ、まったお天道様ギラギラしてっどきでも「こんばんは」なんてゆってんだわな、これ。ときときウゲわりぐなっとぎもあんだ。これ〜。こんなごど感じでいんの、オレたげがなんておもったりもしていっとごだげんちょもよ。

っちゅうごとで、今日はことばの方言の使い方についてグダグダしゃべぐってみましたが、皆さんはどう思いますか？　こうした私たちが昔から使っていた言葉、方言をもう一度見直して、忘れないように今いる場所でも使っていってほしいものですね。

ほんじゃ、今日はこんなどごでおわっぺな。ごめんなんしょ。[38]

夕方のあいさつの話だが、富岡町では暗くなる前には「お晩かだ」とあいさつし、暗くなると、「こんばんわ」という言い方をするという。「この「お晩かだ」は、富岡町特有の言い方で、現在住んでいる喜多方市では通用しない言葉の一つ[39]」だと遠藤は言っていた。遠藤はこの番組の依頼があったとき、方言を残したいと思っていたので、ちょうどいいきっかけになると思ったと同時に、自分のなかでも富岡弁が使えないことに寂しさがあったとコメントしている。[40]

「音」としての方言と町の風景

東北出身の歌人・石川啄木に、故郷を懐かしんで東京・上野駅に方言を聞きにいったという短歌がある。上野駅で東北の方言を聞けば、自分の故郷である東北地方を思い出して寂しさが紛れるという句だ。おだがいさまFMの二つの方言番組も、全国に避難している富岡町民に、同じような効果を及ぼしているのだろうか。このことを考えてみたい。

まず、方言学の観点からその機能を概観すると、第一に、方言とは自己を中心としたウチなる世界のことばであり、同じ方言を共有する集団をほかから積極的に区別して一体化を図る効果を生み出す。その点で、近年の方言は一種の「集団語」としての性格を担う。第二に、方言は会話の雰囲気作りに関わるものであり、方言の使用は打ち解けた会話場面の形成に役立つものだといえる。[41] しかし、方言番組の機能を分析するには、この議論だけでは足りない。なぜならラジオの場合、方言は自分と相手が会話するなかで聞こえているのではなく、ラジオを通して聞こえてくる「音」だからである。富岡弁の「音」を、大阪や福岡に避難している町民が、ラジオを通して聴いている状況が、この場合の分析の対象になる。そこが方言学とメディア研究との違いだといえるだろう。

例えば大阪にいる富岡町民が、関西弁が日常的に聞こえてくる環境のなかで、おだがいさまFMから流れてくる富岡弁を聞くことで、それを心象として捉え、富岡町の風景を思い出すのだとすれば、方言と風景は結び付いているのではないかと考えられる。そこでここでは、方言という「音」と、風景は一体のものなのかどうかを考えるために、サウンドスケープの概念を導入してみたい。

このサウンドスケープという概念は、カナダの作曲家で音楽教育者のマリー・シェーファーが一九六〇年代から七〇年代にかけて生み出したものである。「サウンドスケープ」とは、「サウンド（sound ＝音）」と「スケープ（scape ＝…の眺め）」の複合語で、岩宮眞一郎はこの概念を次のように説明している。

都市の音、人工の音、記憶やイメージの音まであらゆる音を一つの風景として捉えるというものである。サウンドスケープの思想は、地球規模の自然界の音から、都市のざわめき、人工の音、記憶やイメージの中の音まで、我々を取り巻くありとあらゆる音を、一つの風景として捉えるという考え方である。つまりサウンドスケープは、音を物理的存在として捉えるだけではなく、さまざまな社会の中で生活する人々が、どのような音を聞き取り、それらをいかに意味付け、価値づけているのかを対象とする概念である。例えば、水の音を聞いて、ただ水の音と認識するだけではなく、水音から涼しいというイメージや清涼感を覚える。音は、単に、聴覚的印象を生じさせる、物理的現象ではなく、音は、意味を喚起、触発する、一種の媒介としての機能を持つのである。(42)

このようにサウンドスケープは、音がもつ意味を媒介する機能を表す概念である。岩宮が水の音を例としてあげているように、「清涼感」という意味を喚起する音の触媒機能をさす概念なのである。

山岸美穂は、こうした音の触媒機能は、日本文学の世界にはしばしばみられ、音と風景を一体のものとして捉える傾向にあるとして、森鷗外を父とする作家・森茉莉の「耳の記憶」を引用している。

素晴らしい音楽を聴いて育ったという人は少なくても、子供の時に聴いたいろいろな楽しい音の思い出は、誰でも数え切れない。晴れた朝、木々の梢を揺すった風の音。烈しく落ちる水の中で、草や葉は穴が地におしふせられ、またざわざわと立ちさわぐ暴風雨の庭。思い出したようにこまやかな水の礫が硝子戸を打つ。暴風雨を見ていた子供が、ふと我にかえって駆け出して行く廊下のゆくてに、台所の灯火が差し、小刻みな早い、俎板の音がする。（略）これらの音は、音楽ではないけれども、有名な音楽よりも、私達の心の奥に結びついた音だった。(43)

また山岸は、〝フーテンの寅〟こと車寅次郎が主人公の映画『男はつらいよ』（松竹、一九六九年―）シリーズの舞台となった葛飾区柴又の音の風景に注目して、帝釈天参道にある一八八四年（明治十七年）創業の天麩羅屋・大和家の主人である大須賀の言葉を引用している。

帝釈天参道にある、創業明治十七年の天麩羅屋、大和家の主人、大須賀氏は、柴又で好きな音は、帝釈天の鐘の音と風の音だと語る。東京から柴又へは、隅田川、荒川、中川を超えて来るのだが、それぞれの川を超えると風の音が違うし、柴又の風には、あ、ここならいいんだ、という安心感、安定感があるという。（略）ある土地で生活するということは、そこにある建物や道、あるいはそこに住む人々を体験するのと同様に、その場所の音や感触を体験するということでもある。(44)また旅先で体験した音や音のイメージを通して、その場所を懐かしく思い出すことも私たちにはあるのである。

「旅先で体験した音や音のイメージを通して、その場所を懐かしく思い出す」というのは、まさに音の触媒機能がはたらいているといえる。そして、東京から柴又に帰るとき、隅田川、荒川、中川を越えると風の音が変わり、「柴又の風には、あ、ここならいいんだ、という安心感、安定感がある」と感じるというのは、吉田が方言番組にこだわった理由である「富岡の言葉を使うことで、孤独感を解消してもらう」ということと相通じるものがあるのだろう。

音の触媒機能をおだがいさまFMの方言番組に即して考えてみると、ラジオから聞こえてくる富岡弁は、記憶と結び付いた「音」として、全国各地にいる富岡町民に「富岡の風景」を思い出させていると考えられる。吉田は、遠藤に番組への出演依頼をしたときに、「祝穂さんの富岡弁がいい、中身よりも」と言ったそうである。富岡町民にとっては、遠藤の昔話は内容よりも方言という「音」を聞くという点で意味をもっているのかもしれない。

音でよみがえらせる大晦日と運動会

おだがいさまFMでは方言のほかにも、富岡町の「音」を聞かせる番組を放送している。

その一つが、二〇一三年十二月三十一日の大晦日特別番組のなかで放送した除夜の鐘の音である。居住制限地域に指定されているために聞くことができない龍台寺の鐘の音を事前に収録し、全国に避難している町民に故郷の年越しを思い出してもらえるようにラジオで流そうという趣旨である。この企画は、吉田が番組制作の方針にしている「富岡町のことを思い出してもらえるような番組」に基づいたものである。思いついたのはパーソナリティーの久保田彩乃だった。久保田は、おだがいさまFM以前に秋田放送に勤務していたとき、月曜日から金曜日までの毎日一日三回、生中継をおこない、毎日ということもあってネタに困ることが多かったが、そのときに思いついたのが音で聞かせる風景だったという。[45] 例えば、波の音や町の工場の音など、さまざまな音を拾って町の音として秋田放送時代に放送した経験があった。それが発想の原点になって、吉田と話しているときに、大晦日に鐘の音を流したら面白いということになった。[46] そしてその年、一三年の大晦日特別番組で実際に龍台寺の鐘の音を流したのである。

そのほかの試みとしては、震災後初めて屋外でおこなった二〇一六年五月の富岡町第一・第二小中学校と富岡幼稚園の合同運動会や、小・中学校を訪問して収録した子どもたちへのインタビューや校歌の放送である。こうした放送に対する仮設住宅に暮らす人々からの反応を、久保田は次のように話す。

町の中で学校は一つ大事な交流の場であったりとか、地域の人たちにとって大事な場所であるはずなので、ばらばらになってしまっているなかで、町の子どもたちの声が大人に届かない、町の子どもたちがいま学校でどうしているのか、という状況のなかでインタビューに行って、子どもたちの声と校歌を流したんです。するとこのセンターの多目的ホール（交流スペース）でラジオを聞いていたじいちゃんがめちゃめちゃ喜んで、でも人数少なくなったなあと感想を漏らしたんです。もとは何百人もいた学校だったらしいんですが、いまは二十人未満くらいしかいないので、校歌をみんなで歌っても、音のボリュームとか、声の量がちがうし、わかるんじゃないですか。少ないけど、やっているんだなあってじいちゃんが言っていた。そのじいちゃんは、子どもの声は年寄りを元気にしますからと言っていた。(47)

除夜の鐘という音がもつ触媒機能は、方言と同じように富岡町の風景を思い出す機能を果たしていると思われるが、子どもの声もまた、故郷の学校の風景と一体化していると考えることができる。

まとめ

おだがいさまＦＭが設置されたのは二〇一二年三月十一日で、震災から一年後だった。被災した町民はそれぞれ全国各地の仮設住宅と避難先に移動し、町民がバラバラになったあとの開局だった。おだがいさまＦＭでは、被害情報といった、従来の臨災局が目的としていた被害の軽減のための放送ではなく、例えば方言や除夜の鐘、運動会、子どもたちが歌う校歌など、町の風景を思い出してもらえるような情報、すなわち町外に避難している町民に富岡町を忘れないようにしてもらうための番組を放送してきた。おだがいさまFMという臨災局の設置目的は、直接的な被害の軽減ではなく、むしろ「人と人、富岡町と人をつなぐため」「コミュニティの再建」のために、全国に避難している町民を結び付けるために設置されたのではないだろうか。だからこそ、六年間という長期にわたって運営され続けたといえるのだろう。

注

(1) 福島県災害対策本部、二〇一六年九月十二日現在
(2) 震災関連死に関する検討資料、二〇一二年八月二十一日現在
(3) 今井照『自治体再建――原発避難と「移動する村」』(ちくま新書)、筑摩書房、二〇一四年、一二三ページ
(4) 天野和彦「「おだがいさまセンター」が生まれた理由(わけ)」、「ビッグパレットふくしま避難所記」刊行委員会編『生きている生きてゆく――ビッグパレットふくしま避難所記』所収、「ビッグパレットふくしま避難所記」刊行委員会、二〇一一年、二一六ページ
(5) 同書二二〇ページ
(6) 「富岡町生活復興支援センターおだがいさまセンター」(http://www.odagaisama.info/)[二〇一六年九月二十三日アクセス]
(7) 「プロメテウスの罠」「朝日新聞」二〇一四年十二月十六日付
(8) 「みでやっぺ!――おだがいさまセンター(ビッグパレットふくしま生活支援ボランティアセンター)情報紙」おだがいさまセンター、二〇一一年
(9) 「いいべ! 郡山」(http://e-be.info/)[二〇一六年十一月二十日アクセス]
(10) 同ウェブサイト

(11) 数百メートル前後しか届かないような微弱な電波を使っておこなう小規模のFM放送。電波法の規制外の電波強度のため、電波監理局の免許はいらない。
(12) 二〇一四年二月一日開催のフォーラム「防災・復興・まちづくりとコミュニティラジオの底力」の講演から引用。
(13) 富岡町社会福祉協議会次長兼いわき支所長・吉田恵子への筆者による聞き取り調査（日時：二〇一四年五月三日午後二時―午後四時、場所：おだがいさまセンター）。
(14) 前掲「いいべ！　郡山」
(15) NPO法人富岡町さくらスポーツクラブ理事・佐藤勝夫への筆者による聞き取り調査（日時：二〇一四年七月十九日午前十時―午後十二時、場所：福島県大玉村、富岡町仮設住宅内集会場）。
(16) 一九九七年から四期十六年富岡町町長を務め、二〇一三年の町長選挙で敗れた。一四年七月に死去。
(17) 「プロメテウスの罠」「朝日新聞」二〇一四年十二月十七日付
(18) 前掲「「おだがいさまセンター」が生まれた理由（わけ）」
(19) 「プロメテウスの罠」「朝日新聞」二〇一四年十二月十八日付
(20) 「あ・ら・か・る・と」二〇一一年十二月号、福島県折込広告社
(21) 前掲「被災地メディアとしての臨時災害放送局」二〇〇ページ
(22) 富岡町企画課長補佐兼広聴広報課係長・植杉昭弘への筆者による聞き取り調査（日時：二〇一四年八月十二日午前十時―午前十一時三十分、場所：富岡町郡山事務所）。
(23) このタブレットによるサービスは二〇一七年三月三十一日で終了した。一七年四月一日からスマートフォンとタブレットが使える「とみおかアプリ」が導入された。
(24) 前掲、富岡町企画課長補佐兼広聴広報課係長・植杉昭弘への筆者による聞き取り調査
(25) 前掲、富岡町社会福祉協議会次長兼いわき支所長・吉田恵子への筆者による聞き取り調査
(26) 「プロメテウスの罠」「朝日新聞」二〇一四年十二月二十二日付
(27) おだがいさまFMパーソナリティーの久保田彩乃への筆者による聞き取り調査（日時：二〇一六年六月二十四日午前十時―十一時、場所：おだがいさまFM）。

(28) 同聞き取り調査
(29) 遠藤祝穂への筆者による聞き取り調査（日時：二〇一六年九月十五日午後二時―午後三時三十分、場所：喜多方市絆サロン）。
(30) 前掲、富岡町社会福祉協議会次長兼いわき支所長・吉田恵子への筆者による聞き取り調査
(31) 前掲、NPO法人富岡町さくらスポーツクラブ理事・佐藤勝夫への筆者による聞き取り調査
(32) 同聞き取り調査
(33) 福田アジオ／神田より子／新谷尚紀／中込睦子／湯川洋司／渡邊欣雄編『日本民俗大辞典』上・下、吉川弘文館、一九九九―二〇〇〇年
(34) 同書
(35) 同書
(36) 遠藤祝穂『FM郡山原稿』二〇一二年
(37) 同資料
(38) 同資料
(39) 前掲、遠藤祝穂への筆者による聞き取り調査
(40) 同聞き取り調査
(41) 小林隆／真田信治／陣内正敬／井上史雄／日高貢一郎／大野眞男『方言の機能』（「シリーズ方言学」第三巻）、岩波書店、二〇〇七年
(42) 「サウンドスケープ」(http://www.design.kyushu-u.ac.jp/~iwamiya/timbre/soundscape.htm)［二〇一六年九月三十日アクセス］
(43) 森茉莉『父の帽子』筑摩書房、一九五七年
(44) 山岸美穂「サウンドスケープの社会誌」、山岸美穂／山岸健『音の風景とは何か――サウンドスケープの社会誌』（NHKブックス）所収、日本放送出版協会、一九九九年、一三〇ページ
(45) 前掲、おだがいさまFMパーソナリティーの久保田彩乃への筆者による聞き取り調査

(46) 同聞き取り調査
(47) 同聞き取り調査

コラム4　災害時の方言対策

福島県富岡町は、原発事故の影響から町民全員が避難せざるをえない状況に追い込まれた。おだがいさまFMに調査で初めて訪問したとき、「富岡町の言葉がなくなるかもしれない」という言葉に驚いた。それまで地震や津波に見舞われた数多くの被災地を見てきたが、災害によって「言葉がなくなる」という言葉を聞いたのは初めてである。町外に避難することで、子どもたちは故郷の富岡町を忘れるのではないか、使わなくなる富岡の方言を忘れるのではないかという心配である。筆者は東京都出身なので東北の言葉には不案内だが、自分たちの言葉がなくなるという危機感と寂しさは容易に想像ができる。二〇一二年三月十一日、震災から一年後にようやく開局したおだがいさまFMには、やむなく町外に避難した町民から、富岡の方言を聞きたいという声が数多く寄せられた。おそらく、町外で暮らすなかでホームシックになっている町民らの悲鳴ともいうべき声なのかもしれない。方言は生きるための心の栄養であり、必要な言葉だろう。タブレット端末が配布され、全国どこでもおだがいさまFMを聞くことができるようになった町民は、富岡の方言を聞いておそらくほっとしたことだろう。方言に郷愁を感じると同時に、その音に富岡町の風景を思い浮かべることができたのかもしれない。

東日本大震災は、被災地域から住民が大勢避難し、支援者が被災地域へと駆けつけるという意味で大きな人の移動があった震災でもあった。被災地には自衛隊などの救護隊、医療関係者、行政関係者、ボランティアが全国から数多く入った。そうした被災地外の人たちが、被災地内で支援活動をするときに、地元の方言が理解できないことからくる誤解やトラブルが生じるおそれがあった。(1) そうした誤解やトラブルを防ぎ、理解できない方言の意味を知るために、パンフレットが作成された地域があった。いわゆる言葉辞書である。例として取り上げるのは、気仙沼地域の「方言入門」（東北大学文学部国語学研究室、二〇一一年）というパンフレットである。なかにはこんなお勧めの方言が書かれている。

「サイナー」（さようなら）
「マタダイン」（また来てください）
「オスズカニ」（お静かに、おやすみなさい）
「サブリ」（咳）
「フケサメ」（病状がよく変わること）
「コサル」（病気をこじさせる）
「スッコズル」（皮膚をすりむく）

特に高齢者が体調を崩した場合、被災地の外から来た医師が患者の方言が理解できないことから病状などを誤解するのではないかという心配があった。阪神・淡路大震災は、方言ではないが外国人向けの外国語放送がおこなわれたことは記憶に新しい。今後は、支援体制のなかに方言に対する備えも加えていく必要がある。

注

（1）東北大学方言研究センター『方言を救う、方言で救う――3・11被災地からの提言』ひつじ書房、二〇一二年、一一四ページ

第5章　臨災局の長期化の実態

1　長期化する臨災局の段階分け

長期化する臨災局として、第2章では宮城県山元町のりんごラジオ、第3章では福島県南相馬市のひばりエフエム、第4章では福島県富岡町のおだがいさまFMを事例として取り上げた。本章では、放送期間を直接被害、被害の拡大、消火、救命などの①緊急段階、避難、仮設生活の確保、がれきの撤去の②応急段階、生活、地域、産業などの③復旧・復興段階、防災まちづくり、防災対策などの④予防段階という災害過程サイクル（図3を参照）に分けて、三つの臨災局の設置時期がそれぞれどの段階だったのか、また長期化するなかでいつどのような過程を経て復旧・復興段階に移行していったのかについて整理したい。すでに述べているように、本書の目的は、東日本大震災によってできた臨災局が長期化したメカニズムの解明である。分析をふまえたうえで、なぜ長期化したのかの理由を明らかにしたい。

りんごラジオ

りんごラジオの放送運営を概観すると、開局当初から町の情報提供とともに、町民へのインタビューも放送し

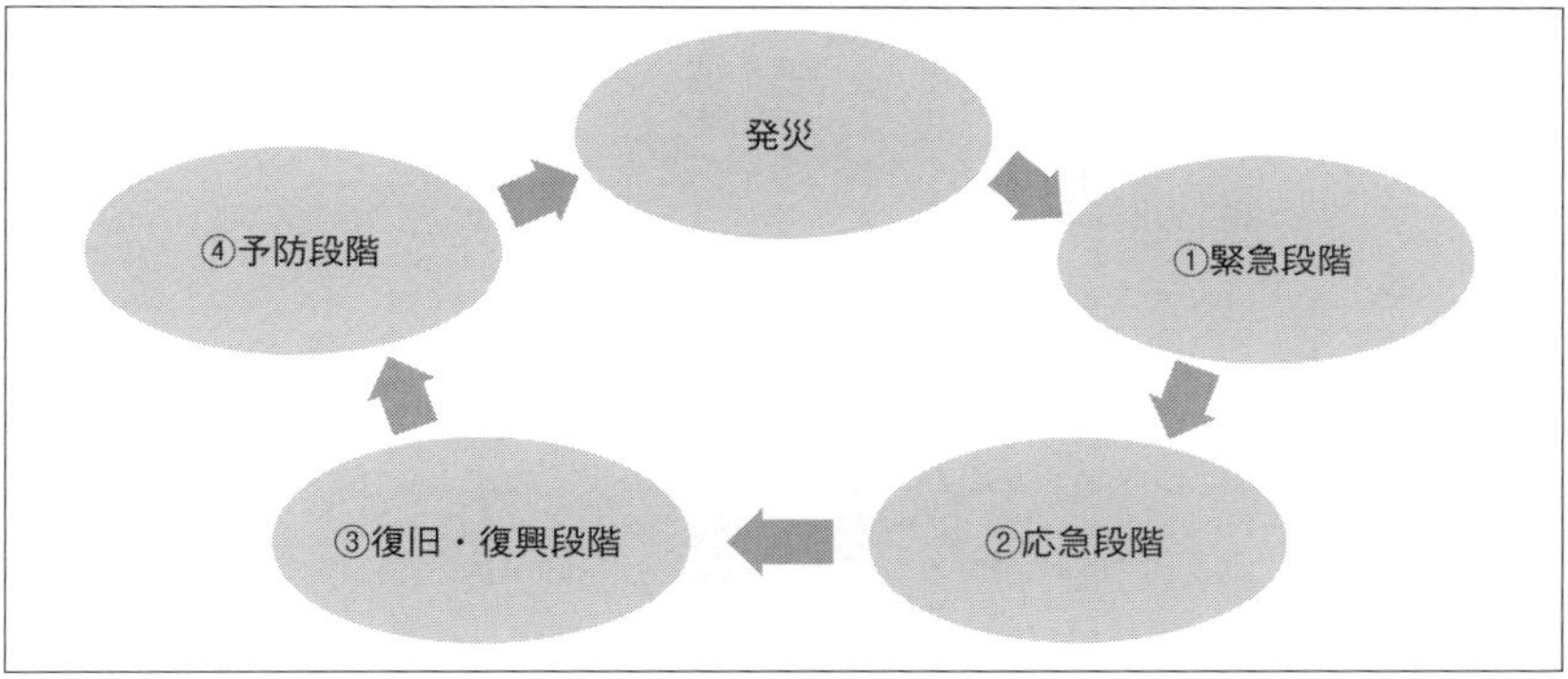

図3　災害過程サイクル

ている。町民がもっている情報をインタビューで引き出し、情報源として町民を巻き込んでラジオを営んでいったことは注目に値する。行政情報は一方向的なものだが、それと並行して、町民と双方向的な情報交換をしながらリスナーのニーズに合った情報を提供していたのである。第2章で紹介した、スリッパで歩いていた人へのインタビューの例にみられるように、町民の生活実態を情報源とすることで、従来の災害の経験知では気づくことができなかった支援の新たなニーズを発見したことは、臨災局がもつ機能である双方向的情報交換の重要性を印象づけた。

りんごラジオの放送運営を三つの時期に分けて概観すると、第一期が震災直後の①緊急段階から②応急段階で、町民に情報が足りない時期だったため、一方向的な行政情報に軸足を置いた放送運営だった。開局は震災から十日後の二十一日で、電話が復旧した後だったことを考えると、緊急ではなく応急段階での開局である。第二期は、混乱が収まってくると同時に行政からの情報が徐々に少なくなるなかで、町民がもっている情報を軸にしながら、インタビュー番組や町民が体験した震災の経験を共有する番組を放送するようになった過渡的な時期といえる。そして、第三期は、復旧・復興の計画案に関する情報提供をすることで、町民がそうした計画案に積極的に関与するようりんごラジオが促した時期と考えることができる。ただ、そうした考えは第三期になって突然出てきたわけではなく、二〇一一年十二月からの町議会の生中継と、一四年七月の町長選挙をめぐる特別番組は、りんごラジオの姿勢が一貫していたことを示しているといえる。

ひばりエフエム

ひばりエフエムの開局は二〇一一年四月十五日で、震災から一カ月以上たってからのことだった。南相馬市は、三月十二日と十五日に福島第一原発で二回の水素爆発があった影響から、ガソリンや支援物資を運ぶ業者が市内に入らなくなり、市民の日常生活が危ぶまれる事態に陥った。このため市長は、「市は全市民に対して市外への避難勧告を出した」[1]のである。災害過程サイクルで考えると、南相馬市の緊急段階はこの市長が避難勧告を発令したときと考えられる。ひばりエフエムの設置時期は、それからおよそ一カ月後の四月中旬ごろ、避難生活に疲れて戻り始めた市民のために、市の情報を提供する目的で臨災局として開局した。そのような事情を考えると、ひばりエフエムは①緊急段階ではなく、②応急段階時の設置だと考えられる。

ひばりエフエムは、秋ごろに転換期を迎えた。そのきっかけの一つがリスナーからのクレームだった。警戒区域から来たと思われる牛が子牛を連れていたという話から、その子牛はどこで生まれたのかという話題がスタッフの笑いを誘ったことに、リスナーから、被災者をあざ笑うかのようだとのクレームが寄せられた。このクレームの電話でひばりエフエムのスタッフは、あらためて市民のなかにはいろいろな立場の人がいるということを実感し、市民の意見を反映した番組作りへと転換していった。それ以降、ひばりエフエムでは復旧・復興に関する番組や、市民が提案する番組など、市民が生活から感じる情報などを吸い上げるような番組を制作するようになった。③復旧・復興段階への移行時期は明確ではないものの、ひばりエフエムが復旧・復興への情報提供を始めるのは、行政情報を中心にした時期から、市民の意見を交えた偏りのない情報を発信するようになった時点ではないかと考えられる。

おだがいさまFM

富岡町を災害過程サイクルで見た場合、緊急段階は町民の町外一斉避難の時期であり、次の応急段階は、三月十六日に富岡町民およそ二千六百人が原発事故に伴ってビッグパレットに避難した時点だったと思われる。

イベントの告知や昼食などを案内するために開設されたミニＦＭは、ビッグパレットの館内放送を補完するためのものだったが、避難者がミニＦＭの放送席を見学に来るようになり、そこで放送スタッフと避難者の間に「笑い」を通して情報の交流が生まれ、一方向的な放送から双方向的な放送に変化していった。このときから、ミニＦＭというメディアと避難者との距離が縮まり、町長が出演すれば、放送中にもかかわらずリスナーが町長に直接質問をしたり、スタッフが読み間違えればヤジが飛んだりと、コミュニケーションが生まれるようになった。ミニＦＭは情報を共有するメディアにとどまらず、ミニＦＭのスタッフ・出演者と避難者、もしくは避難者同士のコミュニケーションの広場に発展していったのである。そうしたミニＦＭのあり方を継承・発展させて、郡山市に新しく建設された富岡社協の「おだがいさまセンター」のなかに、臨災局としておだがいさまＦＭが設置されたのである。おだがいさまセンター内には被災者が交流できるイベントスペースがあり、ミニＦＭのように顔が見える放送ができることから、町民と交流可能なラジオ運営を実現することができた。

富岡町の町民の一部は臨時の収容避難所だったビッグパレットを出て、郡山市に建設された仮設住宅に移ったのだが、おだがいさまセンターもその仮設住宅のなかにある。放射能汚染で帰還がかなわないため、避難地の仮設住宅住まいではあるが、町民の生活自体が落ち着き始めたことを考えると、この時期が富岡町の復旧・復興期とみることができる。したがって、おだがいさまＦＭは③復旧・復興期に設置された臨災局とみなすことができる。

このように三局の事例を災害過程サイクルで考えた場合、りんごラジオとひばりエフエムの二局が②応急段階での設置であり、おだがいさまＦＭは、前身のミニＦＭが②応急段階で開局したが、その後、被災地ではなく避難地で放送を始めたので、③復旧・復興段階での設置と位置づけることができる。

臨災局の運営が長期化していったのは、災害過程サイクルからみると②応急段階から③復旧・復興段階へと移行し、当初の被害の軽減から復旧・復興へと役割を変えながら展開していったからだと考えられる。ここでは、第1章で問題提起した「臨災局とコミュニティとの関係はどのようなものなのか」「情報伝達のシステムとして一方向性を特徴とする放送がどのように双方向の形態を取り込んでいるのか」「臨災局の放送制度上の問題とは何か」という三点を考えながら論点をまとめていく。

2 臨災局とコミュニティの関係

「サロン」的コミュニティ

第1章でも述べたように、吉原は、福島第一原発が立地していた福島県双葉郡大熊町の被災住民について、モノグラフ調査を実施している。原発事故で、「住む場所、人間関係を掠奪された」大熊町の住民を詳細に調べ、国の政策によって自治体のコミュニティ、つまり国策自治会にさせられたと批判的に捉え、コミュニティが存在しながら機能していないことを明らかにした。そのなかで、それとは異なり、住民によって形成された二つのコミュニティに注目した。一つは、「女性の会」、もう一つは「サロン」である。吉原が注目したこの二つのコミュニティは、下から持ち上げていくようなコミュニティであり、吉原が批判する国策自治体は「上から被災者に降ろしていく行政末端組織」[2]だと位置づけられている。

吉原は従来の社会学のコミュニティ論が、例えばR・M・マッキーヴァーが『コミュニティ』で「コミュニティとは村とか町、あるいは地方や国とかもっと広い範囲の共同生活のいずれかの領域を指す」[3]と述べたような、「地域性」をもとにした生活の「共同性」を軸に議論してきたことに対して、東日本大震災の現実を受け、「移動」を余儀なくされた住民」である被災者にとって「まず（コミュニティが）一定の場所を前提とする「地域性」の要件を欠くようになっていることを確認する必要がある」としている。そして、「ここで重要なのは、場所が「領域的なもの」から「関係的なもの」へと移行している[4]ことだと新たな問題提起をおこなっている。つまり、上から情報などを降ろしていくかたちの自治会はコミュニティの「地域性」を根拠にし、その正当性を前面に押し立てて設置され制度化されるが、「移動を余儀なくされた住民」は「地域性」ではなく、「関係性」に根拠を置き、新たな「創発するコミュニティ」を現実化しているという。こうした観点から、吉原は「サロン」に注目する。

吉原はサロンを、人との出会い、情報提供などさまざまなことがおこなわれ、「あるけど、ない」コミュニティとは違ったコミュニティを形成するものだと定義している。サロンの特徴は、誰もが気軽に参加できるという柔軟さにある。

吉原は事例として、会津若松市に立地する大熊町仮設住宅自治会の一つ、F自治会から立ち現れたFサロンを取り上げた。Fサロンは、自治会結成からほぼ二週間後の二〇一一年九月の中旬に立ち上がり、一週間に一度「集まろう」と約束したことがきっかけとなって始まった。「おしゃべりの場」として、仮設住宅の集会所を拠点としているが、おしゃべりばかりではなく、生活支援ボランティアセンターを経由してやってくる全国各地からのボランティアとの交流も深めてきた。こうした実践によって、一見、内に閉じ込められた求心的な場のように見える「サロン」内に「よその人の目」が息づくとともに、自分たちの思いを「よその人」に伝えることが可能になったと、吉原は分析している。

こうしたサロンに対して、臨災局は放送局であり、情報の伝達を通して、さまざまな人々を結び付けているメディアである。こうしたメディアによって作られる「情報コミュニティ」は「地域性」がない「地図のないコミュニティ」[5]といえる。「情報コミュニティ」は場所の共通性ではなく、情報の共有性によって、人と人とを結び付けるものであり、災害、さらには復旧・復興段階で、こうした特定の問題に共通する情報の取得、さらにはさまざまな問題に対して人々がどう対応してどういう考えをもっているか、などを知る手掛かりを必要とする人々を結び付けるものである。確かに、サロンと違い、ラジオ（放送）は一方向なものだ。しかし被災者に限らず、地域住民も聞くことできるし、また実は、聞き流してもかまわないものでもある。情報を得るためのものだけでなく慰安でもあり、気軽に、さまざまな話題がとりとめなく流されるものとしてある。実際、そうした「サロン」のような気軽な語り合いの番組を臨災局で作っている。

例えば、りんごラジオが制作する番組の特徴は、町民が毎日出演する点にあり、代表的なものが『ハローやまもと』と『やまもとヴォイス』の二番組である。『ハローやまもと』は、町内在住のさまざまな職業人や特技をもった人などが出演し、インタビュー形式で番組を進める。番組自体にテーマがあるわけではなく、人を紹介する番組である。例えば山元町役場にはほかの都道府県から派遣されている臨時職員がいるが、そうした臨時職員が地元の市町村に帰還するとき、送別会を催すかのように番組に出演してもらい、任期中に印象に残った仕事や町の印象、食べ物などの話をしてもらう。新しい臨時職員が赴任してきたときも、歓迎会を催すかのように番組に出演してもらい、これからの仕事に対する抱負などについて話してもらう。

もう一つの番組『やまもとヴォイス』は、民話や昔話の話者や、寺の住職らが出演する教養的な色合いが強い番組だが、教養番組ほど堅苦しくはなく、生活の知恵や寺の裏話などもある。いずれも生放送なので、テーマにあまり縛られず、気軽なおしゃべりが主体の番組である。そうした気軽な会話がしやすいように、りんごラジオのスタジオは意図的に日中は鍵をかけず、たとえ放送の本番中でも誰もが自由に出入りできるようにして、気軽に人が集まって話をする場所であるようにしている。

一方ひばりエフエムでは、二〇一一年九月ごろにあった聴取者からのクレームがきっかけで、情報を一方的に流す番組から市民が参加して意見を述べ合える番組を制作する方向に転換した。その一つが『若者たちのRADIO会議』（三十分の録音番組、毎週水曜日午後四時、再放送あり）である。この番組は、南相馬市に住む二十代の人たち（当時）が、南相馬市の将来について語り合うというものである。何か結論を出すことが重要なのではなく、ただ語り合うことが目的の番組である。もう一つの番組は、『移住者たちのゆるゆるいくよ〜』（三十分の録音番組、毎週金曜日午後十時、再放送あり）という、震災を契機に南相馬市に移住してきた人たちによるトーク番組である。この番組も、語り合うことそのものが目的である。

また、『柳美里のふたりとひとり』は、第3章で詳しく紹介したとおり、二人のゲストに、震災前と後の南相馬市の様子や現在の暮らしなどを聞く番組だが、コンセプトが特にあるわけではなく、気軽なおしゃべりの番組である。こうした番組は出演者の年齢、性別、職業などが多種多様で、回数を重ねることで、南相馬市民がどんなことを考えているのか、何を悩んでいるのかなどを自然に伝えることができる。

ひばりエフエムも、市民が気楽に話ができるように、スタジオは南相馬市役所の三階という誰もが立ち寄れるような場所にある。

おだがいさまFMの場合、その前身となったミニFMのときに、放送スタジオの前に被災者が集まり、そこがコミュニケーションの場となった。リスナーは放送中でもパーソナリティーや出演者に声をかけ、パーソナリティーも目の前にいるリスナーの反応を意識しながら放送を続けるといったように、双方向の情報のやりとりがおこなわれている。まさにサロン的な場、一種のコミュニティが生まれたといえる。この時期は、災害過程サイクルでいえば応急段階だったが、こうしたリスナーとの関係は復旧・復興の段階にできたおだがいさまFMでも局の基本スタンスとなり、事務所兼スタジオは、被災者の交流イベントがおこなわれるおだがいさまセンター内に設けられた。とはいえ、富岡町は町民が全国各地に避難しているし、おだがいさまFMも避難先に開局した臨災局なので、ほかの臨災局のように町民が誰でも立ち寄れる場をつくるのは物理的に不可能だった。しかし、おだがいさまFMは、全国に散らばった町民が富岡町とつながっていられるように、方言番組をはじめ、町の寺の除夜の鐘の音や運動会の音を放送することで、「音」で町の記憶を呼び起こそうとした。いわば、実体があるサロンに代わるもの、「地図のないコミュニティ」を作り出そうとしたのだといえるだろう。

このように、三局はそれぞれのやり方で、住民がコミュニティを形成できるようなメディアとして機能していたことがわかる。運営が長期化した臨災局は、吉原がいう「サロン」的コミュニティに近いものを作り出す機能をもっていたからこそ、復旧・復興の段階に長く活動を続けることができたといえるのではないだろうか。

上からの復旧・復興と下からの復旧・復興

吉原は、上からの復旧・復興と下からの復旧・復興という枠組みを提示しているが、そうした観点からすると、臨災局は自治体が運営主体なので上からの復旧・復興の一環だということになる。しかし、復旧・復興と関わりながら、運営を長期化させていった臨災局の場合、実態としてはどうだったのだろうか。

すでに指摘したように、りんごラジオの復旧・復興段階への移行時期は、二〇一一年十二月に放送を開始した町議会中継からとみられる。町議会そのものは公開が原則なので誰もが傍聴可能だが、それを臨災局が中継すること自体に大きな意味がある。町議会での復旧・復興計画の議論を臨災局が放送することで、町民が議論に参加する回路が開かれるからである。また、りんごラジオは町長選に関連した特別番組で町民の議論も放送したことは第2章で述べたとおりだが、これは、吉原が指摘する「上から」、つまり町行政からの一方向の情報の流れではなく、「下から」、つまり町民の意見を発信するメディアとして機能したことを意味する。復旧・復興は町行政や町長といった「上」だけが決めるものではなく、町民も参加する議論のなかで決めるものだという考え方が、ここにはっきりと示されている。りんごラジオの運営主体は町行政であっても、町民の意見の回路となることで、復旧・復興期のメディアとしての機能を果たしたといえる。

ひばりエフエムの場合は、放射線量のデータを読み上げるだけの番組を、毎日三回放送している。データ自体は市のウェブサイトでさらに細かく見ることができるので、情報としての価値は必ずしも高くない。しかしひばりエフエムがそれを放送し続けたことの意味は、第3章で述べたように、地域を分断する壁となっている放射線量の地域格差が次第に低くなっていることを示し続けることで、その壁をなくしていきたいという思いがあったからである。一見するといかにも臨災局らしい、上からの一方的な情報の提供にみえるが、放射線量の変化を放送し続けることには、復旧・復興への意思がある。同時に、放射線量は長期的にしか変化しないことからも、ひばりエフエムのこうした活動が長期化していくことがみてとれる。

おだがいさまFMの場合、町民の帰還政策という問題がある。原発事故の影響で町民全員が全国各地に避難を余儀なくされているが、国と福島県、富岡町は二〇一二年から合同で避難者に対して帰還意向調査をおこなっている。それによると、帰還希望の割合は必ずしも高くないことは第4章で述べたとおりである。おだがいさまFMは、行政が運営する臨災局として帰還政策を推進する立場にあるが、実際には帰還を一方的に押し付けるような放送はしていない。先に述べたように、富岡町とつながる「音」を放送することで、町民が帰還の問題を主体的に検討するための基盤となるコミュニティをメディアのなかに作ろうとしているといえる。

3　臨災局のなかの双方向性（対面性）

中間的・特殊関心のコミュニケーション

臨災局が復旧・復興の場で生み出している「サロン」的なコミュニティは、メディア研究の観点からはどう捉えることができるだろうか。ここでは、臨災局が放送している内容を、放送という枠組みではなく、社会的コミュニケーションのレベルから捉え直してみよう。そこで、まず臨災局がどのようなコミュニケーション構造を有しているのかを検証するために、G・D・ウィーベのコミュニケーションのV字型モデルを援用する。図4に示したのが、ウィーベのV字型モデルの図で、矢印と矢印の間隔は受け手の人数の規模を示す。いちばん下の対人コミュニケーションから中間的・特殊関心のコミュニケーション、マス・コミュニケーションと上にいくにしたがって、矢印と矢印の間隔が広くなっていく。それは、受け手の人数が増えていくにしたがって、伝達されるメッセージの性質がだんだんと私的なもの、特殊なものでなくなり、公共的で一般的なものになるということを表している。だが同時に、コミュニケーション内容の対処性の範囲が徐々に狭くなり、受け手の関心を示すことが

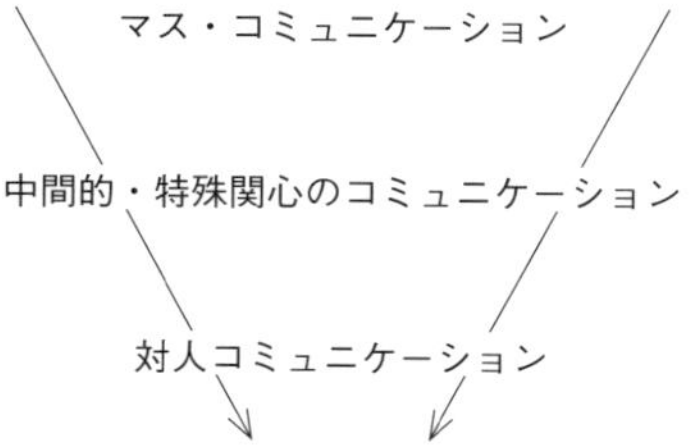

図4　コミュニケーションのＶ字型モデル
（出典：岡田直之『マスコミ研究の視座と課題』東京大学出版会、1992年、9ページ）

難しくなるので、関心を引き起こすための刺激を与えなければならず、コミュニケーションの受け手は一般に送り手には近づきにくくなる[6]ことを示している。

こうしたマス・コミュニケーション、中間的・特殊関心のコミュニケーション、対人コミュニケーションの三層構造は、岡田直之によれば、連続体として捉えられ、次のような分析が可能になる。「(1)個人→不特定多数という受け手の連続的な量的増大、(2)メディア接触の直接性・対面性→間接性・非人格性、(3)フィードバックの即時性→遅延性、(4)コミュニケーション内容の私人性→公共性、あるいはコミュニケーション内容の多様性・独自性→画一性・没個性化、(5)チャンネルの非公式性→公式性、(6)コミュニケーション空間の狭域性→広域性、(7)コミュニケーション技術・手段の低次性・単純性→高次性・複合性、(8)送り手の個人性→集団性・組織性など[7]」の面で、コミュニケーション・メディアの特性や相違を具体的に分析することで、それぞれの特性を浮かび上がらせることができるというのである。

実際の被災地でのコミュニケーションをこの三層構造に当てはめて考察してみると、すでに災害情報論で指摘されているように、マスコミュニケーションは、災害が発生したときに広域的・画一的に一般化して伝達することができ、広い範囲の状況が把握できるような情報を提供できるため、メディアとしては効果的とされる。

中間的・特殊関心のコミュニケーションは、受け手はマスコミュニケーションよりも少ない特定の人々で、災害時に例えるならば各被災地の被災者と想定できる。被災者が必要とする家屋の倒壊、人的被害などの被害情報や避難所開設などの情報、給水情報や炊き出し、仮設風呂などの緊急生活情報といった、地域内の情報を提供するのに効果的である。災害時でなければ、ミニコミ誌などがあげられる。

対人コミュニケーションは、災害時であるならば、家族や知人の避難状況や安否など個人的なコミュニケーションになるので、会話、電話、手紙などのメディアがあげられる。

しかし、こうした災害情報論の議論に見落としがあるとすれば、実際の災害での中間的・特殊関心のコミュニケーションでは双方向的なやりとりが活発であり、マスコミュニケーションの一方向性のなかにパーソナルコミュニケーションの双方向性が内包されて展開していることにある。これを説明するために、ここでは竹内郁郎の社会的コミュニケーション回路の理論を用いてみたい。

社会的コミュニケーション回路からの分析

竹内は、社会的コミュニケーションの基礎単位は、人間の個体ないし集合体が、自ら内部で処理した情報を何らかのチャンネルを媒介して相互に伝達し合う開かれたものとしてモデル化できるとするが、その際三つの観点をあげている。(8)

一つ目は、情報媒体としてのチャンネルの性格に関するもので、「パーソナルな回路」と「媒介的回路」である。社会的コミュニケーションの回路は、記号搬送体の種類によって類型化することが可能で、人間それ自体を記号の搬送体とする「対面的回路」あるいは「パーソナル回路」と、何らかの工夫された媒体を通じて記号が搬送される「媒体的回路」に大きく分けることができる。

二つ目は、回路の社会的位置づけに関するものとしての類型である「公的回路」と「私的回路」である。つまり、社会的コミュニケーションの回路は、「公的」なものと「私的」なものに類別することができる。災害など社会や組織体が危機的状態にあるとき、「公的回路」に対するコントロールは強化される。しかし、そうした状態であればあるほど、社会や組織体の成員は情報を欲し、適応の手掛かりを求めようとする。こうした背景のもとで、「公的回路」による空白を埋めるための「私的回路」が形成され、流言が発生する。流言は確かにアブノーマルな情報伝達形態だが、もともと「公的回路」がノーマルな機能を果たさないからこそ、それを補完するものとして流言が発生するのである。

三つ目は、情報の流れの方向性に関するもので、「直流回路」と「交流回路」である。社会的コミュニケーションは、原理的には、二つ以上の「情報処理体」の間のメッセージの交換過程だが、現実の回路はその相互性の程度にかなりのバラエティーがある。比較的均等にメッセージ交換がおこなわれている回路もあれば、特定の「情報処理体」がほとんど一方的にメッセージ伝達の機会を独占している回路もある。ここでは仮に前者を「交流回路」、後者を「直流回路」と呼ぶが、社会的コミュニケーションの回路を類型化するならば、現実の回路はそれぞれの差をもちながらも、二つの類型のいずれかに属することになる。

従来、マスコミュニケーションとパーソナルコミュニケーションとの決定的な違いは、メッセージ交換の相互性の有無だと指摘されてきた。つまり、パーソナルコミュニケーションの場合には「送り手」と「受け手」の役割交換が自在におこなわれ、コミュニケーションの当事者がお互いに相手からのメッセージをフィードバックしながら、自らのメッセージを伝達するという、双方向性が存在する。中間的コミュニケーションも同様に、「送り手」と「受け手」が固定化せずに、「受け手」が「送り手」になることで双方向性が実現する。これに対して、マスコミュニケーションの場合には、「送り手」と「受け手」の役割が固定化され、メッセージの流れも一方的となり、「受け手」の反応を「送り手」にフィードバックすることはきわめて困難になる。

以上の三つが、社会的コミュニケーションの回路を類型化するための観点である。

こうした社会的コミュニケーションの回路類型に基づいて臨災局について考察すると、臨災局は被災地という地域内の情報を特定の人、つまり被災者に伝達し、被害を軽減させようとする。情報の受け手は被災者が中心で、伝達は自治体やマスコミュニケーションのように一方向的である。しかし、災害に対して適切な対応をするためには、現場の実態をフィードバックする必要がある。その意味で、災害でのコミュニケーションは、常に双方向性を必要とする。災害の緊急段階、応急段階、復旧・復興段階で、こうしたフィードバックは常に求められる。

当然のことながら、臨災局が設置されたときは当面は行政情報を提供しているが、その後に被災者からの情報を取り入れて被災状況などを提供するために、双方向性による情報提供へと切り替わるのである。

一方向から双方向への切り替え時期とは

次に、事例から考察してみよう。りんごラジオは開局したときから町民へのインタビューも放送し、バランスがとれた情報を提供していた。つまり、行政からの情報とともに町民から情報収集をおこない、一方向的な情報提供だけでなく、双方向の情報提供をおこなっていたのである。この状態を社会的コミュニケーション回路に置き換えると、りんごラジオの放送席は最初から役場ロビーに設置され、町民とのフェース・ツー・フェースの対応が可能なように配慮されていた。つまり、スタジオが町民のスペース・メディアとしてその役割を果たすことができるように考えられていた。

ひばりエフエムは、当初はマスコミュニケーションの特徴に近い一方向的な情報の伝達をしていたが、リスナーからのクレームとチーフディレクターの発案で、市民の意見や経験を盛り込んだ番組を制作したのをきっかけに、一方向的な情報伝達から双方向的な情報の伝達システムに転換した。また、小高地区の避難指示準備区域の解除と常磐線の再開を祝する特別番組では、通常放送しているスタジオではなく、小高駅前から生中継をおこない、小高区に在住するゲストを招いて、小高地区の将来についての意見を聞いた。放送自体はスタジオ収録が可能だったのに、あえて現地での生放送をおこなったのは、放送を通してその場とその時間を共有することが重要だと判断したからだろう。社会的コミュニケーションに照らし合わせると、公的回路による情報提供に偏っていたが、聴取者のクレームから私的回路を生かした放送運営に移行し、一方向的な放送から双方向的な放送へと展開していったといえる。

おだがいさまＦＭの場合は全国に町民が避難している現状を考えると、どのようにして双方向性を担保するのかが難しい面があったが、番組の方針として、①富岡町のことを思い出してもらえるようにする、②人の名前を出すことで安否情報につなげる、③富岡の言葉を使うことで孤独感を解消してもらう、という三点に留意して放送した。この三点に共通するのは、マスコミュニケーションのような一方向的な情報伝達ではなく、対人的なコミュニケーションに近いということである。おだがいさまFMはリスナーが全国各地に避難しているというハンディがあるものの、こうした放送方針によって、双方向的な放送を実現したといえる。

以上のように、臨災局の「サロン」的特徴をメディア研究の側面から捉えたとき、その実態は、中間的コミュニケーションに位置し、被災者の問題関心に特化したものだったといっていい。被災という、特殊関心のコミュニケーションという観点から分析すると、臨災局は自治体が被害を最小限にとどめるために設置するラジオ局であることから、最初のうちは、震度やマグニチュード、あるいは余震などの災害情報、行動指針を示す避難勧告などの避難情報、避難所の開設情報、道路や鉄道など公共交通機関の情報などを流していた。しかし、復旧・復興段階では、直接的な被害軽減情報よりも、復旧・復興過程のさまざまな問題を解決するための場の提供へと臨災局の役割は次第に変化していった。こうした過程のなかで、臨災局の存在そのものが、復旧・復興の問題のありようを示すものになっていったといえる。

4　放送制度としての問題点

臨災局は阪神・淡路大震災を契機に、被災者に被害情報や生活情報などを提供して被害を軽減するために制度化された、臨時で一時的なメディアである。公共電波を使用した緊急避難の要素が強いラジオ局だが、にもかかわらず閉局の時期や閉局を勧告するための規定はない。

臨災局は災害時のラジオ局なので、緊急性を要するため開局に向けての書類などは後日整えることが許されている。そして閉局に関しても、総務省としては災害に関するラジオということ、またラジオ局と被災者との問題であるために、「所期（期待しているところの）の目的」が達成されたときとしている。

このように、臨災局は特殊なメディアといわざるをえない。だが放送が長期化することで、地域復興と向き合い、被災住民のために、国や自治体が主導するトップダウンではなく、住民自らが考えて議論を重ねていくようなボトムアップの復興を促す放送活動が可能なメディアともいえるのである。それは、被害の軽減という設置目的からは逸脱しているが、閉局の定義があいまいなことからすれば許される逸脱であり、その逸脱が地域にとっては、むしろ役立っているともいえる。

事例としてあげた宮城県山元町のりんごラジオ、福島県南相馬市のひばりエフエム、福島県富岡町のおだがいさまFMの三局のスタジオ兼事務所は、いずれもすぐに閉局できるような作りになっていた。りんごラジオは役場駐車場に建てたプレハブが事務所兼スタジオで、ひばりエフエムは震災直後、市の災害対策本部近くということから市役所の会議室をあてて、そのまま最後まで事務所兼スタジオとして使っていた。おだがいさまFMは原発事故の影響で被災地に設置できず、郡山市の仮設住宅群のなかに建設された富岡町社協の事務所のなかに事務所兼スタジオを設けた。

三局とも、当初は長期化することを考慮して事務所兼スタジオが用意されたわけではなかった。それだけに、ラジオ局とは思えないほど事務所とスタジオの区分けがあいまいで、防音装置もほとんどない状態で放送を続けた。

こうした急ごしらえの状態はスタジオだけではなく、事業体としても臨災局は、緊急時もしくは応急時に立ち上げたため組織を整える時間がなかった。免許人が自治体であることから、自治体の職員が行政無線の代替として情報などを読み上げるなどしていた。一時的であれば、そうした措置も可能だが、東日本大震災のように長期化した場合には専従職員が必要である。事例に照らし合わせれば、りんごラジオ、ひばりエフエムともアナウンサーやスタッフは当初ボランティアだった。しかしその後、二〇一一年四月から日本財団によって、開局補助金二十万円、運営補助金二百万円、車両購入費百五十万円など、一局あたり最大で八百万円が支援金として支給された。また、国からは市町村を通じて、緊急雇用創出事業補助金が臨災局の運営と人件費にあてられた。

また三局とも、経営は実質的には別団体か関連する団体が自治体から委託されておこなった。りんごラジオは、二〇一二年三月から新潟県長岡市にあるFMながおかの事業会社である長岡移動電話システム会社が、山元町から業務委託を請け負っていた。つまり、りんごラジオの職員は、この会社の職員という資格で働いていた。またひばりエフエムは、一九九六年ごろにコミュニティFMの試験放送をしたことから、南相馬市の栄町商店街振興組合が市から委託を受けて運営した。おだがいさまFMは、ビッグパレットで開局したミニFMからの引き継ぎで、富岡町社協が町からの委託を受けておこなった。このように臨災局の運営は、本体とは違う団体や会社に委託していた。仮に臨災局の放送運営が長期化した場合、このような放送現場の雇用など、自治体が直接管理しない場合に、賃金体制を含めた労働条件や雇用問題などの面でトラブルが発生しないとも否定できず、確固たる放送スタッフの後ろ盾確保が議論の的になることも今後は予想できる。

こうしたあいまいな体制そのものが、東日本大震災という大災害に対応可能な余地を作ってきたともいえるが、そうした余白を生かすことができる被災者の知恵が、そこにあったともいえる。本書では、三局をさまざまな側面から分析してきたが、吉原が指摘するように、復旧・復興に顔を合わせる関係は重要である。臨災局は、長期化することでそうした顔を合わせる関係を重視する双方向的な形態を、それぞれが独自に作り出していった。だからこそ、復旧・復興という局面に向き合えるメディアとして長期化することにつながったといえる。つまり、長期化したから復旧・復興に関わることになったのではなく、双方向性を備えて、被災者自身の創意と工夫がおこなわれたことから、運営が長期化して復旧・復興にメディアとして関わりえたのである。

その一方で、長期化によって臨災局をめぐるさまざまな問題が浮上する可能性があったことも否定できない。この三局の臨災局を三年あまり調査したが、いずれの局も地域にとって必要な機能を果たしてはいたものの、長期化していることで問題点が内在化してしまい、見えなくなっていた面がある。いまの状況では、公的資金使用についての指摘など、臨災局について異議を唱えにくい状況だが、臨災局としてその役割が終わりつつあるにもかかわらず、NPOなどの民営化は経済的にめどが立たないために移行できないとするなら問題だろう。

もう一つは、ジャーナリズムとしての機能である。臨災局は本来一時的で臨時であり、被害の軽減というだけのために創設されたものだが、放送が長期化することで自治体の末端機関の要素が強くなりすぎ、表現の自由を奪うことになりかねない。特に南相馬市や富岡町は原発事故の影響を受けているだけに、一般化した放送局の使命として国政や市政、町政に対して矛盾を指摘できる機能を待ち望むことも考えられる。

今後の臨災局に関する議論をみると、市村元は「被災地メディアとしての臨時災害放送局」のなかで東日本大震災で設置された臨災局について、「臨時災害放送局の概念、定義は大いに拡散した」(9)として、「一連の経緯で浮上してきた多くの問題、課題を、放送制度としてどう整理していけばよいのか。その議論を始めなければならないだろう」(10)と述べ、放送制度の見直しを示唆している。また金山智子らによる共同研究『小さなラジオ局とコミュニティの再生』は、「コミュニティ放送局も臨時災害放送局も、コミュニティのための情報伝達や地域活性化、あるいは復興が目的である」と放送制度に関する法的な改正を促すとともに、自然災害や人為災害などを理由とするコミュニティの復興や再生のための「復興FM」を放送法八条（臨時かつ一時の放送）に追加することを提案している。(11)

長期化は、放送運営の方針に基づいた結果であることが前提であり、長期化したから復旧・復興のための放送局に移行させるという解釈には違和感がある。さらに、臨災局の長期化を放送制度という狭い枠のなかでしかみていないために、出口が見えない議論になっているのではないかと思われる。本書では災害情報論や災害社会学と関連づけながらこの問題を論じてきたが、そうした広い視野に立った議論が必要なのではないだろうか。

東日本大震災で設置され、長期にわたって放送を続けてきた（もしくはいまも放送を続けている）臨災局が、これまでに積み重ねてきた放送内容や番組の企画意図、番組内容、被災者との交流などは、今後起きるだろう災害からの復旧・復興に関わるメディア、もしくはそれに代わる情報提供システムにとって、きわめて貴重な資料となりうる。それだけに、放送制度という狭い枠のなかだけでの議論に終わらせずに、さらに広い視野からの議論が必要だろう。

おわりに

りんごラジオ、ひばりエフエム、おだがいさまFMの三局に共通することは、放送運営に住民を巻き込み、住民の立場から情報を提供してきたことだろう。

りんごラジオの高橋厚はそうした町民の視点の放送運営をおこなううえで、マスメディアとの相違点を次のように述べている。

『私の三月十一日』〔二〇一一年五月二十三日にスタートした番組〕は震災を体験した人たちが放送席で涙を流しながら話をしました。私もずいぶん放送中に涙が出てしゃべられなくなり、「すみません。ここで曲をはさみます」ということが何十回あったかわかりませんね。現職中〔東北放送時代〕、プロのときは、インタビューをしていて泣くなどというものはとんでもないことだと思っていました。けれども実際に町民として放送席に座り、町民の災害を聞くときに涙を流さない人は町民ではないだろうと意識が変わってきました。(12)

高橋はこのように、東北放送時代を「プロ」、りんごラジオの運営を「町民の一人」と位置づけている。りんごラジオの放送席で町民の被災状況を伝えるときには、町民の一人として、一緒になって悲しみ、一緒になって泣くことが当たり前だとする。町民の一人の立場からは、プロという垣根は必要なく、町民と同じ気持ちになって伝えていくことが臨災局のキャスターには大事なことだと話している。

ひばりエフエムは、すでに述べたように、二〇一一年秋までは行政からの情報が中心だったが、リスナーからのクレームや市民参加の特別番組を放送したことから、市民優先の放送運営に切り替えた。その理由には、エピソードがもう一つある。実はひばりエフエムでは、開局当初、新聞記者出身の人が放送運営をおこなっていて、そこに今野聡が入社したのである。まったくの素人だった今野は、しばらくその人に指導を受けていたが、元新聞記者の職員の放送スタイルは、音を生かしたラジオ本来がもつ機能を使った放送ではなく、書いた原稿をただ読み続けるというスタイルだった。災害直後はそれで十分役割を果たしたかもしれないが、今野は徐々に行政情報が少なくなるにつれて、住民からの情報や体験の情報など、双方向の放送スタイルに転換する必要性を感じていた。そこで今野は、夕方のミーティングで思い切って、町民をゲストに招いた特別番組を提案したのである。きっと反対されるだろうと思っていたら、思いもよらず企画が通り、それがきっかけで市民本位の放送運営に今野は自信をもつようになり、チーフディレクターとして今日に至っているのである。そうした運営のリーダーシップの交代劇があったことも、ひばりエフエムが市民との双方向の番組を数多く制作するようになった要因の一つだった。

一方、おだがいさまＦＭは、ミニＦＭのときに築いた町民との対話形式の放送スタイルをそのまま継承したが、この局の場合、行政情報を提供するという段階を経験することがなかった。ミニＦＭのときから行政情報ではなく、町民の情報を取り入れた放送スタイルが始めから確立されていたといえる。それでも、吉田は仮設住宅で暮らす一人のリスナーによって、あらためて臨災局の役割を意識したと話す。

その人は七十から七十五歳くらいで、おだがいさまセンター近くの仮設住宅で独り暮らしの男性です。その人は、あすは死んでやろう、あすは死んでやろうと思って生きていたという自殺志願者です。そんなある日、ふとラジオをつけてみると、ラジオから富岡町のことが流れてきた。おだがいさまＦＭのことを知らなかったようで、なぜ富岡弁で富岡町の情報を流していたのか不思議に思ったそうです。とりあえず、また翌日にそのラジオをまた聞くため、死ぬのをやめたというのです。時期は二〇一二年六月くらいのことです。

本人にとっていちばんつらい時期だったのかもしれません。そんなことがあってから、その人はおだがいさまFMを聞くようになったのです。そして毎日おだがいさまFMに来るようになりました。そして放送を見ながら、リクエストをします。曲は北島三郎のだとか、演歌です。以前の仕事は小学校の先生だそうです。[13]

筆者はその人に直接話を聞いてみたかったが、会うチャンスには恵まれなかった。仮設住宅の玄関ドアに「呼び鈴押すな」「おれは元気でいる」と貼っているような引きこもりの人が多くいた、と『んだっぺトーク』のキャスターを務めている佐藤勝夫も話していた。この人もそんな一人かもしれない。

一般的に臨災局は、開局当初はどうしても行政情報に頼った放送運営がおこなわれる。被害の軽減という観点から、被害情報や緊急の生活情報など行政からの情報に偏るのは仕方がない面がある。そして行政情報が少なくなるころには、被害の軽減という本来の役割を終えて閉局となるケースが多かった。しかし、本書で取り上げた三局は、いわゆるトップダウンではなくボトムアップのコミュニケーションを実現することで、長期にわたって運営を続けた。住民から発せられる情報には、被災者としての思いや共感が含まれている。そうした情報が増えることが、ラジオを聴く住民の心に何かを感じさせるようになるのではないか。自殺を思いとどまった男性も、おだがいさまFMからたまたま聞こえた富岡弁に、明日もまたラジオを聴いてみようという気持ちになったことが、生きることにつながったという例もある。行政情報を流して震災による直接被害を軽減させるだけでなく、住民との双方向の情報交流をすることで、こうした間接的被害の軽減にも、臨災局は貢献できるのではないだろうか。

阪神・淡路大震災後に被害の軽減という目的で制度化された臨災局は、有珠山噴火（二〇〇〇年三月）、中越地震（二〇〇四年十月）、中越沖地震（二〇〇七年七月）、秋田県横手市豪雪（二〇一〇年十二月）、新燃岳噴火（二〇一一年一月）、島根県・山口県の豪雨（二〇一三年七月）、兵庫県丹波市八月豪雨（二〇一四年八月）、関東・東北豪雨（二〇一五年九月）、熊本地震（二〇一六年四月）、九州北部豪雨（二〇一七年七月）とさまざまな災害を経験してきた。本書が取り上げたのは、東日本大震災に対応するために設置された三つの臨災局だがもちろんそこにすべてのことが現れているわけではない。しかしこの三局の実態調査によって、復旧・復興に向かうなかで直面するさまざまな問題を解決するために、臨災局の役割が次第に変化していくさまが明らかになったことは確かである。こうした実態調査は今後とも継続していく必要があり、筆者自身の課題としていくつもりである。

最後に、東日本大震災以後、臨災局はさらに進化を続けていることを指摘しておきたい。臨災局の設置が、市町村の防災訓練に組み入れられるようになったのである。二〇一五年三月に東京都北区で、二十三区としては初めて防災訓練のなかに臨災局の設置訓練が組み込まれた。このほかにも、長野県千曲市、東京都八王子市、福岡県八女市で臨災局の設置訓練が防災訓練の一環としておこなわれた。さらに一七年九月には、和歌山県で初めて「広域向け放送局」と「特定地域向け放送局」という二局同時の設置訓練がおこなわれた。「広域向け放送局」は、被害者の安否確認や交通状況などの情報を主に流す役割を担い、「特定地域向け放送局」は、炊き出しなどの食事の提供や緊急生活情報、病院の状況などを提供するというもので、それぞれ役割を分担させている。情報は早ければ早いほど被害を軽減する可能性があり、したがって臨災局の設置も迅速であればあるほど被害の軽減につながるといえる。東日本大震災でも自治体によっては、もう少し早く臨災局を設置していたら被害の軽減につなげることができたという分析もある。

すでに指摘したように、既存のコミュニティFM以外では、ほとんどの臨災局が災害過程サイクル上では、被災者にとって情報ニーズが最も高まるとされる災害直後の緊急段階ではなく、被災者が一時的な生活を確保する応急段階で設置されている。防災訓練の目的は、そうした臨災局を応急段階ではなく、緊急段階で設置できるようにすることである。しかしこうした防災訓練では、臨災局の設置というハード面はカバーできるが、情報提供という運用面での問題は情報バリューの判断が必要なので、これは防災訓練だけでは解決できない。情報バリュー（いわゆるニュースバリュー。情報の価値）は、普段は情報が非日常的な内容であればあるほど高まる。しかし、災害時という非日常状態に陥ったときの情報バリューは、情報の内容が日常的なものであればあるほど高まるという、逆転が起きるのである。災害が起こって、電気、ガス、水道などのライフラインが途絶えると、臨災局はまずその非日常状態を情報として伝達する。だが非日常状態が続いた後では、戻りつつある日常の情報のほうが、情報バリューが高いものになるのである。これらの情報は、被災者にとっては重要な情報だが、情報の取り扱いに習熟していない場合は、非日常の状態ばかりに目を向け、正常状態を当たり前の状態とみなして、情報バリューを低く見てしまう危険性があるのである。

これは東日本大震災後に設置された臨災局で実際にあった話だが、津波で被災した商店街のある店が再開することになったのを生活情報として放送しようとしたところ、自治体の担当者から特定の店の宣伝につながるという理由で情報を差し止められ、結局放送することができなかった。しかし、震災直後の生活の混乱期、どこで何を買うことができるか、どこの店が営業しているのかは、貴重な生活情報である。この例を日常の情報バリューと非日常の情報バリューという観点から整理してみると、日常ならば単なる店の開店情報は確かに宣伝になるかもしれないが、非日常という状況を考えれば、店の開店という情報バリューはきわめて高いものになる。非日常から日常になったという情報は、このように情報バリューが高くなるのである。つまりこの情報を差し止めた自治体担当者は、こうした情報バリューを理解できなかったといえる。ハード面の設置訓練は重要だが、そうしたそのときどきの情報バリューの判断も訓練をしておく必要がある。臨災局の設置は、目的ではなく手段であるということを、自治体の担当者レベルで理解しておくことが重要だと指摘しておきたい。

注

（1）南相馬市復興企画部危機管理課編『東日本大震災南相馬市災害記録誌』南相馬市復興企画部危機管理課、二〇一三年、六一ページ

（2）吉原直樹『絶望と希望――福島・被災者とコミュニティ』作品社、二〇一六年、一八五ページ

（３）Ｒ・Ｍ・マッキーヴァー『コミュニティ――社会学的研究：社会生活の性質と基本法則に関する一試論』中久郎／松本通晴監訳、ミネルヴァ書房、一九七五年

（４）前掲『絶望と希望』二一五ページ

（５）ゲーリィ・ガンパート『メディアの時代』石丸正訳（新潮選書）、新潮社、一九九〇年

（６）G.D.Wiebe,"Mass Communications,"in E.L. Hartley and R.E.Hartley, *Fundamentals of Social Psychology*, Knopf, 1955, pp.163-164.

（７）岡田直之『マスコミ研究の視座と課題』東京大学出版会、一九九二年、一一ページ

（８）前掲『マス・コミュニケーションの社会理論』

（９）前掲「被災地メディアとしての臨時災害放送局」二二六ページ

（10）同論文二二六―二二七ページ

（11）災害とコミュニティラジオ研究会編『小さなラジオ局とコミュニティの再生――３・11から９６２日の記録』大隈書店、二〇一四年、一七七ページ

（12）高橋厚、龍谷大学政策学部での講演会での発言（日時：二〇一二年六月二十八日）。

（13）前掲、富岡町社会福祉協議会次長兼いわき支所長・吉田恵子への筆者による聞き取り調査

参考文献

※注に明記したもの以外をあげる。

りんごラジオ『進行表「りんごラジオ特別番組〜きらり！やまもと町長選挙〜」進行表』二〇一四年

関嘉寛「東日本大震災における市民の力と復興」、田中重好／船橋晴俊／正村俊之編著『東日本大震災と社会学――大災害を生み出した社会』所収、ミネルヴァ書房、二〇一三年

高橋厚「地域住民が立ち上げたラジオ局――宮城県・山元町「りんごラジオ」」、丹羽美之／藤田真文編『メディアが震えた――テレビ・ラジオと東日本大震災』所収、東京大学出版会、二〇一三年

田中淳「災害情報と行動」、大矢根淳／浦野正樹／田中淳／吉井博明編『災害社会学入門』（「シリーズ災害と社会」第一巻）所収、弘文堂、二〇〇七年

浦野正樹「災害社会学の岐路――災害対応の合理的制御と地域の脆弱性の軽減」、同書所収

山元町誌編纂委員会編『山元町誌』第二巻、山元町企画開発課、一九八六年

吉川忠寛「復旧・復興の諸類型」、浦野正樹／大矢根淳／吉川忠寛編『復興コミュニティ論入門』（「シリーズ災害と社会」第二巻）所収、弘文堂、二〇〇七年

あとがき

　本書は、新潟大学大学院現代社会文化研究科に提出した博士論文「災害復旧・復興期における臨時災害放送局の実態研究」を改稿したものである。臨時災害放送局の研究は、これまで数多くの研究者が示唆に富む論文を発表している。本書は、筆者の二十八年間というテレビ局勤務のつたない経験をもとにして、根気よく被災地を歩いて被災者と臨時災害放送局の運営者と向き合って実態調査に取り組んできた成果である。

　臨時災害放送局を研究テーマとしたのはさまざまな人との出会いなどを通じて決めたものだが、災害とメディアとの関連は、長年籍を置いたテレビ局時代から温めてきたテーマである。時間ができれば一度ゆっくりと調べてみたいと、以前から思っていた。しかし、ほとんどの人がそうであるように、結局「思いだけで終わる」と自分でも思っていたのである。そうしたなか、大きなきっかけになったのが東日本大震災だった。

　災害とメディアの関連について、少しだけふれよう。筆者は一九八三年にテレビ朝日系列の新潟テレビ21に開局一期生として入社した。二十五歳だった。大学を卒業してからの二年間は日本工業新聞社で広告の営業をしていた。しかし、記者になることが夢だったので、縁もゆかりもない新潟にまで職を追い求めた。新潟県は災害が比較的多いところだ。夏は豪雨、冬は大雪、雪崩、春は雪解け水による土砂崩れ、地滑りなど記者時代はいつも災害取材に時間をさいた。その合間といってはおかしいが、事故、事件、選挙と東奔西走した。だから、新潟県出身ではないにもかかわらず、県内どこに行くにしても地図やナビはいらない。新潟県は広く、いくつかの地域に分かれる。北は東北、西は北陸、南は関東と地域独特の文化や言葉をもっている。事件で土地柄を覚え、選挙で地域に根ざす人を覚えた。そんななかで、災害地域で暮らす人々の悲哀を勉強した。

ある人が発した言葉がいまでも忘れることができない。その言葉が、やがて博士論文の執筆につながっていった。

その取材は、一月に発生した雪崩をあらためて検証しようという年末恒例の年録という報道特別番組のためだった。その雪崩取材は、発生当初から筆者が現場に張り付いて担当していた。年録番組では、雪崩で息子を亡くした父親にインタビューし、なぜ雪崩が起きたのかなどについて当時の話を聞くというものだった。実は、気が進まない取材だった。こうした取材はほとんど拒否される。この取材も拒否されるだろうと私は思っていた。それもあって、事前にアポイントメントもとらないで現場に向かった。

その方の自宅は雪崩があった場所ではなく、そこから三十分ほど街場に近いところに引っ越していた。いろんな人の証言を頼りにして、ようやくその家を見つけることができた。恐る恐る家人を呼び出して取材の趣旨などを話した。当然のことながら門前払いだと思ったのだが、その方は家のなかに入れてくれた。入ってまず目についたのが、雪崩で亡くなった息子さんの仏壇だった。私はすぐに仏壇の前で手を合わせた。その姿を後ろからじっと見ている父親の視線を感じた。インタビューをお願いして、カメラのセットに入った。カメラマンは同行していない私一人の取材だった。家のなかを見渡しても、薄暗いなかにその父親が一人だった。この父親も雪崩に巻き込まれたが、自力ではい出して難を逃れた。まず、その雪崩の様子から聞こうと思っていた。

カメラのスイッチを入れ、マイクを向けて言葉を発しようとしたとき、その父親が自ら口を開いた。「あの木を切らなきゃよかったんだ」と、遠くを見るようにつぶやいた。その父親は、詳細は記憶が飛んでいてよく覚えていないとしながらも、音もなく風のように「ヒューとしたとたんに雪のなかに巻き込まれた」とそのときのことを思い返した。そして、「あの木を切ったことを思った」というのだ。その木とは、スキー場開発のために伐採した樹木のことである。災害の危険性があるとして伐採に反対する人もしたが、結局はスキー場ができれば観光客誘致につながり地域振興になると押し切られ、伐採されたのである。しかし、肝心のスキー場はその後立ち消えになった。

「あの木を切らなきゃよかったんだ」という声だけが、いまでも私の耳に残っている。そして声ばかりではなく、そのあとは何もしゃべらずにずっと私を見ていた。やがて、視線をそらそうとはせずにぽつりぽつりと話し始めた。雪崩はその木を伐採した斜面を滑り降りてきたと、その人は指摘する。だから雪崩は自然現象ではなく、人災だった、と話した。息子さんはその犠牲になった、と。

災害後や災害事例をメディアとして取り上げるばかりではなく、もっと深く災害と被災者に関わって、社会的・構造的要因からの災害に対して、メディアの構造としてアプローチしてみたいという欲求がこうして育っていったのである。しかし、そのときにはまだ具体的なものが目の前にあったわけではなかった。

一九九五年一月の阪神・淡路大震災で起きたマスメディアの報道批判、こうした事実が徐々に積み重ねられ、さらにそのほかの災害など、いろいろなことが交ざり合いながら、自分のなかで何かが変化しながら大きくなってきたことがこうした研究につながったと思っている。東日本大震災での臨時災害放送局の実態研究というのは、自分にとってはまだ始まったばかりであり、入り口でしかない。

未熟ながらまとめたこの臨時災害放送局の実態研究が、これからの災害報道に、そして被害の軽減に役立つことができれば大変うれしく思う。

最後に、調査に協力していただいた臨時災害放送局の関係者と市民・町民、そして役場のみなさん、東北総合通信局のみなさんに本当にお世話になったことをここで記したい。ありがとうございました。

また、博士論文執筆にあたって、正月も返上で論文指導をしていただいた新潟大学人文学部教授の原田健一先生に感謝を申し上げる。さらに、博士後期課程二年まで指導していただいた北村順生先生（現・立命館大学映像学部映像学科准教授）、副査を担当していただいた新潟大学人文学部教授の中村隆志先生、同じく人文学部准教授の古賀豊先生、博士後期課程二年次に副査を担当していただいた新潟大学人文学部教授の松井克浩先生には、本当にお世話になった。あらためて感謝を申し上げたい。

そして家族にも感謝を伝えたい。筆者の大学院進学と学位取得に協力してくれた妻・美智子に感謝し、この出版の喜びを分かち合いたい。

本書執筆にプライベートでいろいろ相談に乗っていただいた大正大学地域創生学部教授の北郷裕美先生にも感謝を申し上げたい。ありがとうございました。

筆者のわがままに付き合ってくださった青弓社の矢野未知生さんには本研究の趣旨を理解して快く出版にご協力いただいた。本当にありがとうございました。

二〇一八年夏

大内斎之

［著者略歴］
大内斎之（おおうち なりゆき）
1958年、東京都生まれ
新潟大学大学院現代社会文化研究科博士研究員兼非常勤講師
専攻は地域メディア、メディア災害報道
論文に「臨時災害放送局における災害報道の機能に関する考察——宮城・山元町臨時災害放送局を事例として」（「現代社会文化研究」第62号）、「社会的コミュニケーション回路分析による臨時災害放送局の概念化」（「現代社会文化研究」第61号）、「臨時災害放送局における方言利用の意義に関する考察——福島県富岡町「おだがいさまFM」を事例として」（「現代社会文化研究」第59号）、「ローカル局発　気を掘り起こし、気を伝える」（「月刊民放」2009年3月号）、「現場が教えてくれるもの」（「月刊民放」2007年11月号）など

臨時災害放送局《りんじさいがいほうそうきょく》というメディア

発行——2018年10月29日　第1刷
定価——3000円＋税
著者——大内斎之
発行者——矢野恵二
発行所——株式会社青弓社
〒101-0061 東京都千代田区神田三崎町3-3-4
電話 03-3265-8548（代）
http://www.seikyusha.co.jp
印刷所——三松堂
製本所——三松堂

ISBN978-4-7872-3442-1 C0036